多彩豆浆 健康喝

Soybean MILK

主编 / 杨晓佩

重庆出版集团 重庆出版社

图书在版编目（CIP）数据

多彩豆浆健康喝 / 杨晓佩主编. -- 重庆 : 重庆出版社,
2015.7
ISBN 978-7-229-10128-2

Ⅰ. ①多… Ⅱ. ①杨… Ⅲ. ①豆制食品－饮料－介绍
Ⅳ. ①TS214.2

中国版本图书馆CIP数据核字(2015)第137009号

多彩豆浆健康喝
DUOCAI DOUJIANG JIANKANG HE
杨晓佩 主编

出 版 人：罗小卫
责任编辑：王 梅 陈 冲
特约编辑：吴文琴 徐 琪
责任校对：杨 媚
装帧设计：金版文化·伍 丽

重庆出版集团
重庆出版社 出版
重庆市南岸区南滨路162号1幢 邮政编码：400061 http://www.cqph.com
深圳市雅佳图印刷有限公司印刷
重庆出版集团图书发行有限公司发行
邮购电话：023-61520646
全国新华书店经销

开本：720mm×1016mm 1/16 印张：15 字数：230千
2015年9月第1版 2015年9月第1次印刷
ISBN 978-7-229-10128-2
定价：29.80元

如有印装质量问题，请向本集团图书发行有限公司调换：023-61520678

丛书序

《汉书·郦食其传》中有云：“民以食为天”，是指人民以粮食为自己生活所系，说明了食物对老百姓的重要性。那时候的人们对食物的看重，在于其能果腹而延续生命。

时至今日，在人民生活水平逐步提高的现代化社会中，食物的意义也得到了升华。食物不仅是维系生命的必需品，更成了享受生活的重要途径之一。比起只为了填饱肚子而吃，吃得健康、吃得美味变得日益重要起来。

爱吃美食，自然少不了到处寻觅美味。品尝过的美味多了，对美食的要求自然也提高了，久而久之，对市面上愈发雷同的菜肴也逐渐提不起食欲了。爱吃会吃的美食达人们为了让自己吃得更健康、更放心、更开心，开始自己动手在家研究制作美食，美食DIY的风气愈发浓厚。而作为“吃货”的我也对制作美食产生了浓厚兴趣，并乐此不疲，时间长了，也总结出了不少独家美食心得。

为了与大家分享我的厨房秘诀，我编写了这套“小厨娘之最爱美食”丛书。这套丛书包括《快上手蔬果汁》《快上手爱心烘焙》《多彩豆浆健康喝》《五谷杂粮健康吃》四个分册。将果蔬汁、烘焙点心、豆浆、五谷杂粮等日常生活中常见的饮品和美食精选精编，制成方便易学的食谱，呈现给热爱美食、热爱生活的您。

此外，本套丛书还为每道美食配上专属二维码，可以直接点开链接，并观看我烹制美食的高清视频。朋友们只需用手机扫一扫二维码，就能立即跟着我一起动手DIY属于自己的美食。这套将现代技术与传统图书集合一体的作品，能让大家的美食之旅变得更轻松简单。

最后，祝愿每一位读到这套“小厨娘之最爱美食”丛书的朋友，都能在书中找到您想要的美味。不管您是热衷美食的“吃货”，还是想要提升厨艺的料理新手，希望我的心血和努力，能为您的生活增添一些清新、一些美好。

小厨娘　杨晓佩

序言

“快”是都市生活带来的无奈，对于上班族们来说，快速而有营养的早餐，始终是每天面临的第一个问题。很多时候，匆忙之中的我只能用一杯最简单的豆浆来安抚我的胃。但一段时间后，我惊喜地发现，我的皮肤变好了，肠胃也倍儿舒服了，若哪天的早餐没有豆浆的话，身体反而开始抗议了。

但是，如何找到一款适合自己的豆浆绝对是很重要的。当你时常手脚冰凉，全身发冷时；当你面部憔悴，想要白里透红的水嫩肌肤时，喝上一杯暖暖的豆浆，就能让你从内而外地发生改变，这可是我的真实体会。

有个朋友，在喝过一段时间的豆浆后曾感慨地说：平时工作在外应酬之时，常大鱼大肉，山珍海味也没少见，但是吃多了，“三高”、心脑血管疾病……都来了，像这样喝一杯简简单单的豆浆身体反而舒服一点。

然而，快节奏的现代生活中，充斥着转基因大豆、食品添加剂等诸多食品安全问题，在哪里才能寻觅到健康滋味呢？这个时候，我就喜欢自己动手，亲身体验创造美食的乐趣，带着好奇心去探索融入了蔬菜、水果、干果、花草等元素的花式豆浆，体验巧妙的美食之旅！

如果你开始跃跃欲试了，那么请带着这本书，走进自己的小天地，动动手吧。手指翻飞间，不仅可以让你“穿越”时光，回到记忆中那个熟悉场景，重温“小时候喝过的美味”。细品之后，相信你不仅可以制作出更多吸引人眼球的多彩滋味，更能让家人享受健康。

本书还有许多独特之处。书中不仅分享了颇具怀旧特色的经典家常豆浆，还为各位朋友量身定制了适合不同季节的四季豆浆。对希望滋养全家身心健康的朋友，则分别推荐了给孩子、老爸、老妈、老公、老婆的专属豆浆，如此，他们的健康也就真的是私家定制了。

与此同时，身体的一些不适，譬如三高、贫血、气虚、肠胃不适等，都可以在本书中迅速找到答案。更值得一提的是，每一道豆浆都附有一个二维码，通过扫描二维码可以直接观看豆浆制作的视频，真正做到手把手同步教学，让读者把数百道豆浆做得美味，喝出健康！

无论生活的环境怎样变化，仍然能够品尝到那熟悉也饱含关怀的健康味道，可谓是一种舌尖上的幸福体验了，你想试试吗，那么，准备好你的豆浆机，我们一起启程吧！

CONTENTS 目录

第一章
亲手做豆浆，把幸福和美丽握在手心

第二章
家常豆浆告诉你，什么才叫中国style

第三章 花样四季豆浆，赶走“撞衫”烦恼

第四章 亲爱的，你的营养，私人定制

第五章
身体小毛病真恼人，豆浆帮你一扫光

第一章

亲手做豆浆，把幸福和美丽握在手心

难道只有不停地摆弄牛奶、奶茶、咖啡……才叫时尚？

答案是否定的。

时尚是女人的天性，

如何让看似朴实无华的豆浆大放光彩，不仅越喝越有味，

更能成为我们时尚生活的一抹新鲜风景，

如何让毫不起眼的豆浆成为家人的健康伴侣，

这着实是一个值得探讨的问题。

你也可试想一下，在清晨抑或是傍晚，

喝到一杯浓香沁人的豆浆是一件多么幸福的事儿。

俗话说得好，『工欲善其事，必先利其器』，

现在，就让小厨娘带你走进豆浆的世界，

了解打造美味豆浆的大功臣——豆浆机

以及食材的基本常识，

与你携手磨出最好的豆浆吧！

熟悉豆浆机

现在很多家庭都会在自家用豆浆机制作豆浆，豆浆机也被越来越多的家庭认可。如今市面上有各种品牌、类型的豆浆机，但哪些才是质量好的豆浆机呢？专家提醒消费者，在选购豆浆机时，一定要注意以下几点，以防出现质量问题而影响使用。

豆浆机的选购

看产品标志

要查看产品标注的企业名称、地址、规格、型号、商标、电压、功率是否详尽，以及说明书是否有工作时间的限定条件等。另外，长期致力于豆浆机生产的专业大品牌所生产的产品会更加令人放心。

看刀片设计

好的刀片应该具有一定的螺旋倾斜角度，这样的刀片在工作旋转时可形成一个立体空间，这样不仅碎豆彻底，还能产生巨大的离心力以便于甩浆，从而使豆中的营养更充分地释放出来。

看电机质量

好豆浆机所用的材质和配件均为上等用料，有不少还是进口材料。挑选时还应检查电源插头、电线等，另外，还要看该机所获得的权威认证和权威质量保证称号，如3C认证、欧盟CE认证、质量免检、企业ISO9001国际质量体系认证等。

看密封性能

最简单的办法就是要求商家试机，选购时将豆浆机放在玻璃板或光滑平面上，空转1分钟，然后再加水试1分钟，密封性能良好的产品不会有较大的移位，也不会发出异味或出现漏水现象。

看家庭人口多少选择

在选购豆浆机时，可根据家庭人口的多少选择不同容量的豆浆机。假如你家是1～2人，建议选择800～1000毫升的豆浆机；假如你家是2～3人，建议选择1000～1300毫升的豆浆机；假如你家在4人以上，建议选择1200～1500毫升的豆浆机。

看机器的构造和设计

主要看是否具有先进的加工程序。质量好的豆浆机一般是先将黄豆加热到86℃，再进行粉碎、过滤、自动加热煮熟，这样可以避免产生因常温粉碎而形成的对人体不利的抗脂肪氧化酶和胰蛋白酶。豆浆机的设计和构造方面，特别需要注意以下几点：

1. “文火熬煮技术”是目前豆浆机领域最先进的一项技术，可使豆浆熬得更透，均质效果更好，黏稠度和乳化程度非常高，口感细腻均匀，更利于人体吸收。
2. “浓香技术”所做的豆浆，其浓度比普通机型提高49.8%，加上合理的延煮时间，香浓味更足，口感更美妙。
3. “智能不粘技术”使得煮浆时不糊锅、不粘锅，使豆浆达到较好的乳化效果，让机器的清洗更加方便。

看某些特殊功能是否合理和必要

有的豆浆机宣称能保温贮存，有的豆浆机可在豆浆机中直接泡豆定时制作，有的豆浆机还可直接用干豆制作豆浆。实际上，豆浆保温贮存时易变质，故只宜冷藏保存，而利用定时功能直接用泡豆的水做豆浆，既不卫生也做不出好口味，用干豆直接做豆浆则对出浆率和营养吸收都有影响。

看售后服务

完善的服务体系是产品品质的良好保证。因此须有售前、售中、售后服务，以及满足服务的网点密度。

而且在购买豆浆机时，最好请销售员示范一次具体操作，避免购买后出现组件无法组装或不会操作等问题，此时再去找售后，则费时又费力。

豆浆机的使用方法

1 首先，按食谱建议的食材用量量取食材，将食材清洗干净，放入豆浆机中。

2 加水至上、下水位刻度线之间。

3 接通电源，选择相应的功能键，再按下“启动”或“开始”键，机器就会按照程序自动粉碎，熬煮豆浆。

4 等待豆浆完成之后，机器会发出“嘀嘀”的声音，以提醒制作完成。

使用豆浆机时的注意事项

1 在豆浆机制浆完成以后，不要进行二次加热、打浆，否则会造成粘杯、糊锅。

2 机器在制浆过程中，机身温度较高，通气孔有少量水蒸气冒出，这时候不能靠太近；豆浆制作完毕时，钢制的下盖温度较高，请勿直接用手触碰。

3 多次制浆操作之间，每次需间隔10分钟以上，待电机完全冷却后再进行下一次操作，否则将影响机器的使用寿命。

豆浆机的清洁建议

1 清洗机器时，可以往机器中加入适量的清水，选择并启动“轻松洗”功能程序，2~3分钟程序结束后，即完成对机器的初步清洗。

2 在清洗豆浆机时要注意机头上部不可进水，而机头下部可用水轻轻冲洗，以去除机头下部粘附的饮品及其他粘附物。

3 豆浆机清洗好后，要控干水分，并用清洁布轻轻擦拭干净豆浆机内部的水分，以防水分和空气接触，使豆浆机生锈。

饮用豆浆的注意事项

豆浆营养价值较高，是防治高血脂、高血压、动脉硬化等疾病的理想食品，日益受到人们的青睐。但生活中很多人误以为只要喝了豆浆就能保有健康，其实不然。下面介绍几点饮用豆浆的注意事项，告诉大家怎样喝豆浆才健康。

做豆浆要先泡豆

大豆外部是一层不能被人体消化吸收的膳食纤维，它妨碍了大豆蛋白被人体吸收利用。做豆浆前应先浸泡大豆，这样可使其外层软化，再经粉碎、过滤、充分加热后，可相对提高人体对大豆营养的消化吸收率。

另外，豆皮上附有一层脏物，若不经浸泡则很难彻底洗干净。用干豆做出的豆浆在浓度、营养吸收率、口感、香味等方面都比不上用泡豆做出的豆浆。用干豆直接做出的豆浆偶尔喝之尚可，经常喝并不好。因此，做豆浆前最好先泡豆，这样既可提高粉碎效果和出浆率，又卫生健康。

豆浆不能冲鸡蛋

在豆浆中冲入鸡蛋是一种错误的做法，因为鸡蛋蛋清会与豆浆里的胰蛋白结合产生不易被人体吸收的物质。

不要饮用未煮熟的豆浆

生黄豆里含有皂素、胰蛋白酶抑制物等有害物质，生豆浆未煮熟就饮用易产生恶心、呕吐、腹泻等中毒症状。

不能过量饮用豆浆

豆浆一次不宜饮用过多，否则极易引起过食性蛋白质消化不良症，容易导致腹胀、腹泻等不适病症。

豆浆的养生保健功效

豆浆具有神奇的保健功效，对各个年龄阶段的人群都适宜，正所谓“一杯鲜豆浆，天天保健康”。接下来，我们就具体看看，豆浆都有哪些保健功效吧！

豆浆对老年人的保健功效

改善心脑血管疾病症状

心脑血管疾病被称为人类健康的第一杀手。常饮鲜豆浆可维持正常的营养平衡，并且全面调节内分泌系统，有利于分解多余脂肪，降低血压、血脂，减轻心血管负担，增加心脏活力，优化血液循环，保护心血管，所以科学家称豆浆为“心血管保健液”。 而且豆浆中还富含维生素E、维生素C、硒等营养物质，有很好的抗氧化功能，能使人体的细胞“返老还童”，特别是对脑细胞来说，更是有很好的养护作用。

促进钙的吸收

骨质疏松是老年人常见的疾病，大豆制品对促进骨骼的健康具有潜在的作用。骨骼中主要的矿物质是钙，许多营养物质都对骨骼健康有重要作用，其中钙是最容易缺乏的营养素之一。大豆所含的钙优于其他食品，大豆蛋白与大豆异黄酮能促进和改善钙的新陈代谢，从而建立新的骨细胞和防止钙的丢失。豆浆中钙的含量也较多，适量饮用豆浆有助于预防骨质疏松症、强壮骨骼。特别是中老年朋友，在日常饮食中，每天饮用一杯豆浆，能有效改善钙吸收，使身体更硬朗。

有助于控制血糖

糖尿病是一种比较常见的内分泌代谢紊乱疾病。主要是由于体内胰岛素的绝对或相对缺乏引起的糖代谢紊乱。主要的临床表现是多饮、多食、多尿、疲乏、消瘦、尿糖及血糖增高。豆浆等大豆制品是糖尿病患者的好食物，因为糖尿病患者摄取大豆等富含水溶性纤维的食物，可有助于控制血糖。

豆浆对成年人的保健功效

帮助女性美肤养颜

女性的青春与雌激素的减少乃至消失密切相关，雌激素赋予了女性第二性征，使女人皮肤柔嫩、细腻。随着雌激素的减少，皮肤失去以往的光泽和弹性，出现皱纹，女人随之衰老。女性要想减缓衰老速度，就得想法保住逐渐减少的雌激素。豆浆中含有牛奶所没有的植物雌激素“黄豆苷原”，该物质可调节女性内分泌系统的功能，每天喝上300～500毫升的鲜豆浆，可明显改善女性心态和身体素质，延缓皮肤衰老，使皮肤细白光洁，达到养颜美容的目的。

改善女性更年期症状

女性绝经前后，容易出现情绪波动大、焦虑、心悸失眠等症状，这被称为更年期综合征，主要是由雌激素和孕激素的减少造成的。针对更年期综合征，可以采用补充雌激素的“激素替代疗法”治疗。豆浆中含有的植物雌激素“大豆异黄酮”，可起到减轻女性更年期综合征症状的作用，且没有副作用。对于女性来说，长期饮用豆浆可补充女性日益减少的雌激素，故为了减轻更年期综合征的痛苦，建议女性每日饮用一杯豆浆。

降低男性前列腺癌的发生

豆浆营养丰富，营养价值可以与牛奶媲美，男人喝豆浆也是非常有好处的。研究发现，男性体内也存在雌激素受体，因此大豆异黄酮对男性同样是有益的，其中最重要的益处是能够降低前列腺癌的发生率。

豆浆对青少年的保健功效

健脑益智

豆浆富含蛋白质、维生素、钙、锌等物质，尤其卵磷脂、维生素E的含量非常高，可以改善大脑的供血供氧，提高大脑记忆力和思维能力。卵磷脂中的胆碱在体内可生成一种重要的神经传导递质——乙酰胆碱，该物质与认知、记忆、运动、感觉等功能有关，人脑中各种神经细胞之间必须依靠乙酰胆碱来传递信息。卵磷脂还是构成脑神经组织和脑脊髓的主要成分，有很强的健脑作用，并能促进细胞的新生和发育。青少年常喝豆浆，可显著增强记忆力，提高学习效率。

豆浆食材知多少

现代的豆浆并不是单纯的黄豆豆浆，而是更富有养生理念和创新色彩的混合豆浆。制作豆浆的原料也不仅仅局限于豆类。那么常见的豆浆食材你了解多少呢？下面就一起来看看吧。

黄豆 HUANG DOU

黄豆是所有豆类中营养价值最高的，故有“田中之肉”“植物蛋白之王”等赞誉。黄豆可促进生长发育、保持血管弹性、增强记忆力等，是延年益寿的最佳食品。

购买黄豆时，可从外形、颜色等方面去判断质量的优劣：

◎**观外形：**颗粒饱满且整齐均匀，无破瓣、无缺损、无虫害、无霉变、无挂丝的为好黄豆。

◎**看颜色：**明亮有光泽的黄豆是好黄豆。

◎**干湿度：**用牙咬黄豆粒，如果听到清脆的声音，而且黄豆成碎粒，说明此黄豆是干燥的。

需要注意的是，生黄豆含有不利健康的抗胰蛋白酶和凝血酶，所以黄豆不宜生食，豆浆也需要煮熟食用。

绿豆 LV DOU

绿豆是我国的传统豆类食物。它具有非常好的药用价值，有“济世之良谷”之说。绿豆还有很好的抗衰老功能，并具有清热消暑、润喉止咳及明目降压之功效。

挑选绿豆时可以从外形、颜色、气味等方面加以判断：

◎**观外形：**优质绿豆外皮蜡质，子粒饱满、均匀，很少破碎，无虫，不含杂质。

◎**看颜色：**新鲜绿豆应是鲜绿色的，老绿豆颜色会发黄。

◎**闻气味：**向绿豆哈一口热气，然后立即嗅气味，优质绿豆具有正常的清香味，无其他异味。

绿豆不宜煮得过烂，以免其中的有机酸和维生素遭到破坏，而降低清热解毒的功效，煮绿豆浆时也是如此。

红豆 HONG DOU

红豆又被称为“饭豆”，它具有律津液、利小便、消胀、除肿、止吐的功能，被李时珍称为“心之谷”。

选购时可以从红豆的外形、气味等方面去判断其品质优劣：

◎**观外形**：红豆一般以颗粒均匀、色泽润红、饱满光泽、皮薄者为佳品。

◎**闻气味**：优质红豆通常具有正常的豆类香气和口味。

红豆营养丰富，但是尿多之人不宜食用，这主要是因为红豆具有利水的功能。

核桃 HE TAO

核桃又被称为“益智果”“长寿果”。它具有增强记忆力、润肌肤、顺气补血、止咳化痰、润肺补肾等功效。

选购时可从核桃的外形、颜色等方面去判断其品质优劣：

◎**观外形**：要挑选个头均匀、缝合线紧密的核桃，大颗果实生长周期长，营养成分含量会更高。

◎**看颜色**：果仁仁衣色泽以黄白为上，暗黄为次，褐黄更次。

◎**掂重量**：拿一个核桃掂掂重量，轻飘飘而没有分量的核桃，多数为空果、坏果。

杏仁 XING REN

杏仁在国际市场上与核桃、腰果、榛子一起，并列为世界四大坚果。杏仁具有平喘镇咳、润肠通便、降血糖、降血脂、美容的功效。

选购杏仁时，可以从外形和气味去判断其质量的优劣：

◎**观外形**：好的杏仁有完整的外壳，不分裂，无染色或者发霉。

◎**闻气味**：好的杏仁有些淡淡的甜味，如果气味微苦或者略刺鼻，说明已有些变质，最好不要购买。

腰果 YAO GUO

腰果为世界著名的四大坚果之一。腰果对夜盲症、干眼病及皮肤角化有防治作用，并能增强人体抗病能力、防治癌肿，还可以润肠通便、润肤美容、延缓衰老。

购买腰果时，可以从外形、颜色等方面判断其品质优劣：

◎**观外形**：选购腰果时要尽量选择完整月牙形的腰果，果仁看起来要饱满圆润。

◎**看颜色**：上好的腰果呈润滑的白色，颜色过于暗淡或明亮都说明腰果的品质不够好。

第二章

家常豆浆告诉你，什么才叫中国style

这是一个留恋经典却又追求时尚的时代，

仅仅牛奶，这个不变的时髦风已经满足不了我们的需求，

所以，牛奶风又重新转战到豆浆风上，

经典的中国style，

如黄豆豆浆、绿豆豆浆、杏仁豆浆……

一碗热气腾腾、香甜可口的美味被我们重新捧上了餐桌，

它口感纯香，老少咸宜，

时尚但更具家的味道；

它不仅能果腹，还有益健康，

我想，这也是很多人深爱它的原因吧。

本章精选了大量生活中常见的家常豆浆，

在这里，你将会尝到那让我们无法遗忘的味道，

现在，我将为你一一展示。

那些曾经的温暖味道，你还记得吗？

经典原味豆浆

说到豆浆，大家都很熟悉，它是我们早餐的老搭档了。常听老人们说，“药补一堆不如豆浆一杯”，豆浆可以说是一种绿色食品，起码它在我的印象中是没有污染，纯净且又营养丰富。每天清晨，喝上一杯经典的原味豆浆，回味一下儿时的味道，再配上几个小笼包子，这便是很多中国人传统又营养的吃法了。

此物最相思
红豆平常却不简单

红豆豆浆

◉ 原料 *Ingredients* •

水发红豆……100克

◉ 调料 *Condiments* •

白糖……适量

◉ 做法 *Directions* •

1 把已浸泡8小时的红豆倒入碗中，加水搓洗干净，沥干水分。
2 把红豆倒入豆浆机中，加水至水位线，盖上机头，选择“五谷”程序，再选择“开始”键，开始打浆。
3 待豆浆机运转约15分钟（“嘀嘀”声响起）后，断电，将豆浆倒入滤网中，滤去豆渣。
4 将煮好的豆浆倒入碗中，加入白糖拌至溶化，待稍微放凉后即可饮用。

营养功效

红豆含有蛋白质、B族维生素和多种矿物质，具有润肠通便、降血压、降血脂、调节血糖、预防结石、减肥瘦身等功效。

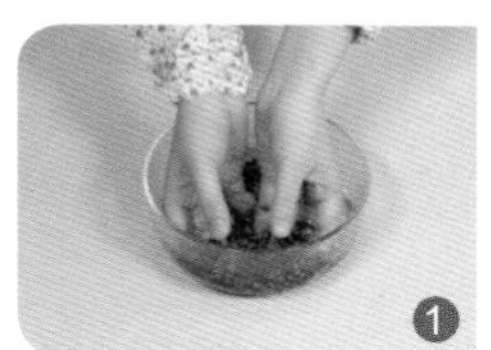
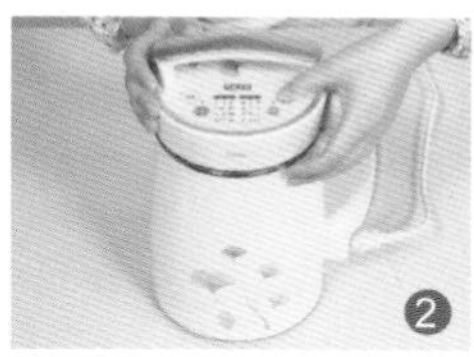

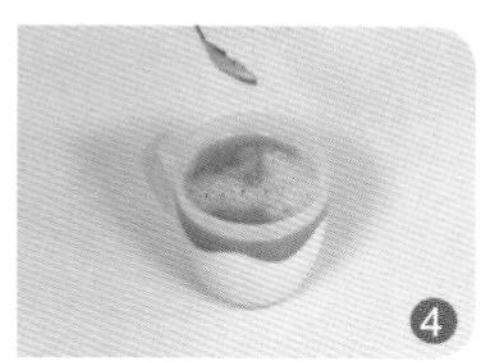

市井里的早餐时光
“豆中之王”闪亮登场

黄豆甜豆浆

◉ 原料 *Ingredients* •

水发黄豆……80克

◉ 调料 *Condiments* •

白糖……20克

◉ 做法 *Directions* •

1 把洗净的黄豆倒入豆浆机中，注入适量清水，至水位线即可。
2 盖上豆浆机机头，选择“五谷”程序，再选择“开始”键，开始打浆。
3 待豆浆机运转约15分钟（“嘀嘀”声响起）后，即成豆浆，将豆浆机断电，取下机头。
4 将豆浆装碗，加入少许白糖，拌至白糖溶化即可。

营养功效

黄豆富含维生素E、胡萝卜素等，可预防老年斑的生成，增强老人记忆力，是延年益寿的最佳食品。

别被外表欺骗
黑豆让我皮肤不黑

黑豆豆浆

◉ 原料 *Ingredients* •

水发黑豆……100克

◉ 调料 *Condiments* •

白糖……适量

◉ 做法 *Directions* •

1 将已浸泡7小时的黑豆加水搓洗干净，沥干水分。
2 将黑豆倒入豆浆机中，加入清水至水位线，盖上机头，选择“五谷”程序，再选择“开始”键，开始打浆。
3 待豆浆机运转约15分钟（“嘀嘀”声响起）后，断电，滤去豆渣。
4 将滤好的豆浆倒入碗中，加入适量白糖，搅拌至其溶化即可。

营养功效

黑豆含有蛋白质、维生素、矿物质等营养成分，具有增强免疫力、滋阴补肾、补血明目、活血美肤等功效。

青豆豆浆

看其清新，食其清心
一抹青色留住好时光

◉ 原料 *Ingredients*

青豆……100克

◉ 调料 *Condiments*

白糖……适量

◉ 做法 *Directions*

1 将去壳的青豆装入大碗中，倒水洗净，沥干水分。
2 把青豆放入豆浆机中，加入清水至水位线，盖上机头，选择“五谷”程序，再选择“开始”键，启动豆浆机。
3 待豆浆机运转约15分钟（“嘀嘀”声响起）后，断电，滤去豆渣。
4 将豆浆倒入碗中，加入适量白糖，拌至溶化即可。

营养功效

青豆含有蛋白质、膳食纤维、B族维生素、叶酸等营养成分，有助于降血压、降血糖，促进肠胃蠕动。

清新脱俗似碧玉
清火美容两不误

绿豆豆浆

◉ 原料 Ingredients •

水发绿豆……100克

◉ 调料 Condiments •

白糖……适量

◉ 做法 Directions •

1 将已浸泡3小时的绿豆倒入大碗中，加水搓洗干净，沥干水分，再倒入豆浆机中。
2 加入清水至水位线，盖上豆浆机机头，选择“五谷”程序，再选择“开始”键，启动豆浆机。
3 待豆浆机运转约15分钟（“嘀嘀”声响起）后，断电，滤去豆渣。
4 将豆浆倒入碗中，加入适量白糖，搅拌均匀至其溶化即可饮用。

营养功效

绿豆含有蛋白质、B族维生素、叶酸、矿物质等营养成分，具有增强免疫力、降血脂、降胆固醇、抗肿瘤等功效。

五谷干果豆浆

炎帝神农氏，派稻、黍、稷、麦、菽五位大臣带领百姓播种野草籽。玉皇大帝知道后，十分欣慰，派布谷鸟给人们带来了不但可以充饥，还可以长生不老的种子，后以五位大臣的名字命名，就是我们熟知的五谷了！古语有言：“五谷为养，五果为助。”五谷干果对人们的健康是至关重要的。但是，五谷干果富含粗纤维，不易被人体消化，而以五谷干果制作成豆浆，则更易于人体消化吸收。

棒子杏仁大融合
香浓滋味挡不住

榛子豆浆

◉ 原料 *Ingredients* •

榛子……4克
杏仁……5克
水发黄豆……40克

◉ 做法 *Directions* •

1 将已浸泡8小时的黄豆倒入碗中，注水搓洗干净，沥干水分。

2 将榛子、杏仁、黄豆倒入豆浆机中，注入清水至水位线，盖上机头，选择“五谷”程序，再选择“开始”键，开始打浆。

3 待豆浆机运转约15分钟（“嘀嘀”声响起）后，断电，取下豆浆机机头。

4 把煮好的豆浆倒入滤网，滤取豆浆即可。

营养功效

榛子含有蛋白质、胡萝卜素、维生素B_1、维生素B_2、维生素E及多种矿物质，具有健脾和胃、益肝明目等功效。

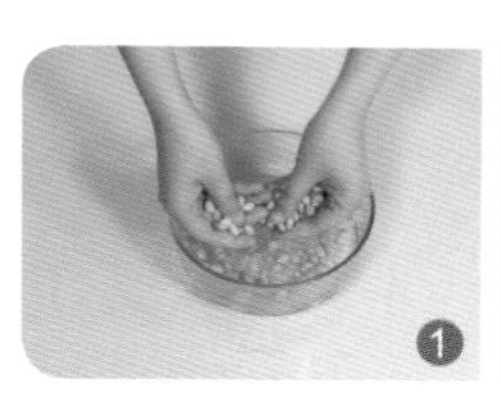

杏仁豆浆

黄豆的孤寡撞上杏仁的浓香
豆浆也有新『个性』

◉ 原料 *Ingredients* •

杏仁……10克
水发黄豆……50克

◉ 做法 *Directions* •

1 将已浸泡8小时的黄豆倒入碗中，注入清水，用手搓洗干净，沥干水分。
2 将黄豆、杏仁倒入豆浆机中，注水至水位线。
3 盖上豆浆机机头，选择“五谷”程序，再选择“开始”键，开始打浆。
4 待豆浆机运转约15分钟（“嘀嘀”声响起）后，滤取豆浆即可。

营养功效

杏仁含有蛋白质、糖类、胡萝卜素、B族维生素、铁、锌等成分，具有降气平喘、润肠通便、生津止渴等功效。

甘香板栗携细腻黄豆
美妙不可言说

板栗豆浆

◉原料 *Ingredients*

板栗肉……100克
水发黄豆……80克

◉调料 *Condiments*

白糖……适量

◉做法 *Directions*

1 将洗净的板栗肉切成小块；把已浸泡8小时的黄豆倒入碗中，加水搓洗干净。
2 将黄豆倒入豆浆机中，加入板栗，加入清水至水位线，启动豆浆机。
3 待豆浆机运转约15分钟（“嘀嘀”声响起）后，即成豆浆。
4 将豆浆倒入碗中，加入适量白糖，搅拌均匀即可。

营养功效

板栗含有蛋白质、维生素、叶酸、微量元素等营养成分，具有养胃健脾、补肾强筋、活血止血、延缓衰老等功效。

浓浓的花生味
香得任性，香得诱人

花生豆浆

原料 Ingredients

花生米……100克　水发黄豆……100克

做法 Directions

1 将已浸泡2小时的花生米、已浸泡8小时的黄豆放入碗中，注水搓洗干净。

2 取豆浆机，倒入黄豆、花生米，注入清水至水位线即可。

3 盖上豆浆机机头，选择“五谷”程序，再选择“开始”键，开始打浆。

4 待豆浆机运转约15分钟（“嘀嘀”声响起）后，即成豆浆。

营养功效

花生含有蛋白质、卵磷脂、糖类、维生素等营养成分，具有润肺化痰、滋养调气、利水消肿、滑肠润燥等功效。

豆子薏米一次拥有
看着空空的杯子里，有种满足感

青豆薏米豆浆

◉ 原料 *Ingredients* •

水发黑豆……50克
水发薏米……少许
青豆……少许

◉ 做法 *Directions* •

1 在碗中倒入已浸泡4小时的薏米，放入青豆，再加入已浸泡8小时的黑豆，注水搓洗干净。
2 将食材倒入豆浆机中，注水至水位线，盖上豆浆机机头，开始打浆。
3 待豆浆机运转约15分钟（“嘀嘀”声响起）后，即成豆浆。
4 将豆浆机断电，取下机头，滤取豆浆即可。

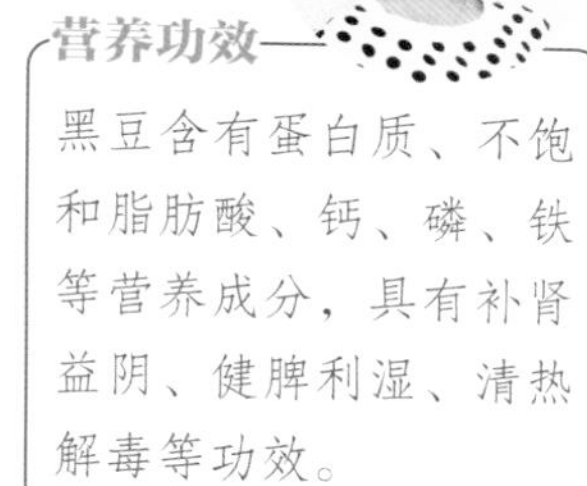

营养功效

黑豆含有蛋白质、不饱和脂肪酸、钙、磷、铁等营养成分，具有补肾益阴、健脾利湿、清热解毒等功效。

高粱配小米
饱腹又暖心

高粱小米豆浆

◉ 原料 *Ingredients* •

水发黄豆……50克
水发高粱米……40克
小米……35克

营养功效

小米含有多种维生素、氨基酸、碳水化合物、钙、钾等营养成分，具有和中益肾、清热解毒等功效。

◉ 做法 *Directions* •

1 将小米倒入碗中，倒入已浸泡8小时的黄豆、高粱米，加水搓洗干净。
2 把洗好的材料倒入豆浆机中，注入适量清水至水位线，盖上机头，选择“五谷”程序，再选择“开始”键，开始打浆。
3 待豆浆机运转约20分钟（“嘀嘀”声响起）后，断电，取下机头。
4 滤取豆浆，倒入杯中，用汤匙撇去浮沫即可。

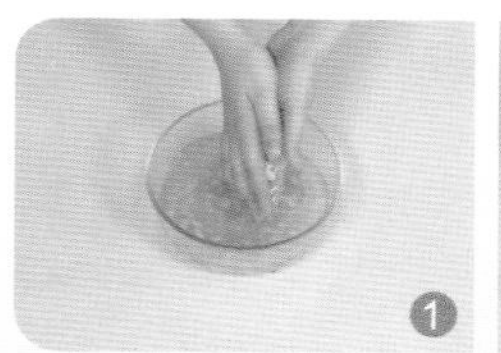

高粱红枣豆浆

高粱香，红枣甜
白里透红别错过

◉ 原料 *Ingredients*

水发高粱米……50克
水发黄豆……55克
红枣……12克

◉ 做法 *Directions*

1 洗净的红枣切开，去核，把果肉切成小块。
2 将已浸泡8小时的黄豆倒入碗中，放入泡发好的高粱米，加水搓洗干净。
3 把洗好的材料倒入豆浆机中，放入红枣，注水至水位线。
4 盖上机头，开始打浆，待豆浆机运转约20分钟（“嘀嘀”声响起）后，即成豆浆。

营养功效

红枣含有蛋白质、有机酸及多种维生素、矿物质，具有增强免疫力、缓解疲劳、养血安神、健脾和胃等功效。

外形粗犷朴素
内里香浓可口

黑豆核桃豆浆

◉ 原料 *Ingredients* •

核桃仁……15克

水发黑豆……45克

◉ 做法 *Directions* •

1 把洗好的核桃仁倒入豆浆机中，倒入洗净的黑豆，注水至水位线即可。

2 盖上豆浆机机头，选择“五谷”程序，再选择“开始”键，开始打浆。

3 待豆浆机运转约15分钟（“嘀嘀”声响起）后，即成豆浆。

4 将豆浆机断电，滤取豆浆即可。

营养功效

核桃含有蛋白质、亚油酸、维生素、钾、钙、铁、磷等营养成分，具有改善记忆力、补肾固精、滋润肌肤等功效。

芝麻、核桃巧联合
健康营养轻松有

核桃芝麻豆浆

◉ 原料 *Ingredients*

水发黄豆……100克　　黑芝麻……30克
核桃仁……35克

◉ 调料 *Condiments*

白糖……适量

◉ 做法 *Directions*

1 取备好的豆浆机，倒入泡发的黄豆，撒上洗净的黑芝麻和核桃仁。
2 注入适量清水，至水位线即可。
3 盖上豆浆机机头，待其运转约15分钟（“嘀嘀”声响起）后，将豆浆机断电。
4 取出机头，倒出煮好的豆浆，装入碗中，加入白糖即可。

营养功效

黑芝麻含有脂肪、蛋白质、糖类、维生素及钙、铁等成分，有补肝脏、乌秀发、解疲劳等多种功效。

最是那一抹淡黄
集尽美食之精华

枸杞核桃豆浆

◉ 原料 *Ingredients* •

水发黄豆……50克　核桃仁……5克　枸杞……5克

◉ 做法 *Directions* •

1 容器中注入适量清水，倒入枸杞、核桃仁清洗干净，捞出食材。

2 取豆浆机，放入已浸泡8小时的黄豆和洗好的核桃仁、枸杞，注入适量纯净水至水位线。

3 盖上豆浆机机头，选择“五谷”程序，再选择“开始”键，开始打浆。

4 待豆浆机运转约15分钟（“嘀嘀”声响起）后，即成豆浆。

营养功效

核桃仁含有粗蛋白、维生素C、钾、钙、铁、锰等营养成分，具有补肾固精、温肺定喘、润肠等功效。

燕麦豆浆

燕麦加豆浆
养生好搭档

◉ 原料 *Ingredients* •

水发黄豆……70克
燕麦片……30克

◉ 调料 *Condiments* •

白糖……15克

◉ 做法 *Directions* •

1 取备好的豆浆机，倒入洗净的黄豆，撒上备好的燕麦，注入适量清水。
2 盖上豆浆机机头，选择“快速豆浆”，再按“启动”键，待机器运转约20分钟（“嘀嘀”声响起）后，即成豆浆。
3 断电后取下豆浆机机头，倒出豆浆，装在小碗中。
4 饮用时加入少许白糖，拌匀即可。

营养功效

燕麦含有的钙、磷、铁、锌等矿物质，有预防骨质疏松、促进伤口愈合、防止贫血的功效，是补钙佳品。

朴素食材简单做
美味营养又健康

小麦核桃红枣豆浆

◉ 原料 Ingredients •

水发黄豆……50克　　水发小麦……30克
红枣……适量　　核桃仁……适量

◉ 做法 Directions •

1 洗净的红枣切开，去核，切成块。
2 将已浸泡8小时的黄豆、已浸泡4小时的小麦倒入碗中，注水洗净，沥干水分。
3 将核桃仁、黄豆、小麦、红枣倒入豆浆机中，注水至水位线，盖上豆浆机机头，开始打浆。
4 待豆浆机运转约20分钟（“嘀嘀”声响起）后，即成豆浆。

营养功效

小麦含有淀粉、蛋白质、维生素A、B族维生素、钙、铁等成分，有增进食欲、益脾养胃、增强免疫力等功效。

古有乾隆喜吃荞麦
今有妙人善饮荞麦豆浆

荞麦豆浆

原料 *Ingredients*

水发黄豆……80克
荞麦……80克

调料 *Condiments*

白糖……15克

营养功效

荞麦含有脂肪、蛋白质、铁、磷、钙、维生素等成分，具有帮助消化、益脾健胃、增强免疫等功效。

做法 *Directions*

1 把洗净的荞麦、黄豆倒入豆浆机中，注入适量清水，至水位线即可。
2 盖上豆浆机机头，选择“五谷”程序，再选择“开始”键，开始打浆。
3 待豆浆机运转约15分钟（“嘀嘀”声响起）后，断电，取下机头。
4 将豆浆盛入碗中，加入少许白糖，搅拌片刻至白糖溶化即可。

黑米黄豆豆浆

黑米加黑豆
强身健体好搭配

◉ 原料 *Ingredients* •

水发黑豆……120克
水发黄豆……100克
水发黑米……90克
水发薏米……80克

◉ 调料 *Condiments* •

白糖……适量

◉ 做法 *Directions* •

1 取榨汁机，倒入黄豆、黑豆、清水，搅拌至材料呈现细末状，用隔渣袋滤取豆汁。
2 取榨汁机，倒入黑米、薏米、清水，搅拌至米粒呈细末状。
3 汤锅中倒入豆汁、米浆，煮至沸腾，掠去浮沫。
4 加入白糖搅拌匀，用中火续煮5分钟即成。

营养功效

黑米中的黄酮类化合物能维持血管正常渗透压，减轻血管脆性，防止血管破裂，还有止血作用。

浓郁的米香
浓厚的父母爱

超级香浓米豆浆

◉ 原料 *Ingredients* •

水发黄豆……60克
大米……100克

◉ 做法 *Directions* •

1 将大米倒入容器中，注入适量的清水，清洗干净，沥干水分，装入杯中待用。
2 取豆浆机，放入已浸泡8小时的黄豆、洗好的大米，注水至水位线即可。
3 盖上豆浆机机头，选择“五谷”程序，再选择“开始”键，开始打浆。
4 待豆浆机运转约20分钟（“嘀嘀”声响起）后，即成豆浆。

营养功效

黄豆含有蛋白质、维生素、钙、磷、镁、铁等成分，有增强免疫力、祛风明目、清热利水、活血解毒等功效。

小米豆浆

给家人的美食之礼
平凡但珍贵

◉ 原料 *Ingredients* •

水发黄豆……120克
水发小米……80克

◉ 做法 *Directions* •

1 取备好的豆浆机，倒入泡发好的小米和黄豆。
2 注入适量清水，至水位线即可。
3 盖上豆浆机机头，选择“五谷”程序，再选择“开始”键，待其运转约20分钟（“嘀嘀”声响起）。
4 断电后取下机头，倒出煮好的小米豆浆，装入碗中即成。

营养功效

小米含有蛋白质、胡萝卜素、钙、磷、铜、钾等营养成分，具有健胃消食、益气安神、补益虚损等功效。

玉米枸杞巧搭配
养胃强肝是绝配

玉米枸杞豆浆

◉ 原料 *Ingredients* •

水发黄豆……45克　　玉米粒……35克　　枸杞……8克

◉ 做法 *Directions* •

1 把已浸泡8小时的黄豆倒入豆浆机中，放入洗好的玉米、枸杞，注入适量清水，至水位线即可。
2 盖上豆浆机机头，选择“五谷”程序，再选择“开始”键，开始打浆。
3 待豆浆机运转约15分钟（“嘀嘀”声响起）后，即成豆浆。
4 将豆浆机断电，取下机头，把煮好的豆浆倒入滤网，滤取豆浆，撇去浮沫即可。

营养功效

玉米含有蛋白质、亚油酸、膳食纤维等营养成分，具有促进新陈代谢、降血压、增强免疫力等功效。

豆浆 健康蔬菜

“从明天起，做一个幸福的人，喂马，劈柴，周游世界。从明天起，关心粮食和蔬菜，我有一所房子，面朝大海，春暖花开。”这是海子向往的生活，也是很多都市忙碌着的人想要的简单生活。这种生活可以没有车水马龙，可以没有葡萄美酒，但是唯独不能少了蔬菜，而将蔬菜融入豆浆之中，那种清爽滋味，以水作媒传递全身，想想都很满足了。

一杯暖暖的豆浆
一个暖暖的午后

红薯山药小米豆浆

◉ 原料 *Ingredients* •

黄豆……30克
红薯丁……15克
山药丁……15克
大米……10克
小米……10克
燕麦……10克

◉ 调料 *Condiments* •

白糖……适量

◉ 做法 *Directions* •

1 将已浸泡8小时的黄豆倒入碗中，放入大米、小米，加水搓洗干净，滤去水分。
2 滤好后，倒入豆浆机中，再加入红薯、山药、燕麦、清水。
3 盖上豆浆机机头，待豆浆机运转约15分钟（“嘀嘀”声响起）后，即成豆浆。
4 断电，滤取豆浆，倒入碗中，加入白糖搅拌均匀至其溶化即可。

营养功效

山药含有蛋白质、维生素、纤维素、淀粉酶、多酚氧化酶等成分，具有滋肾益精、健脾益胃、助消化等功效。

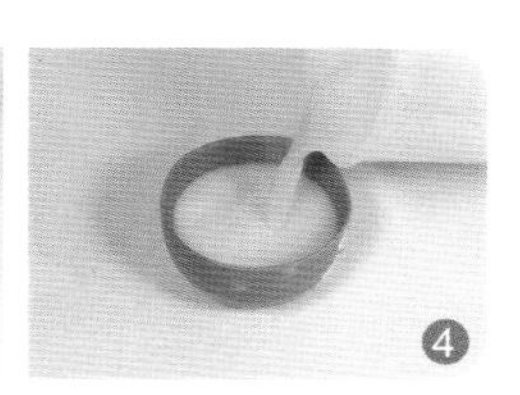

多么富有浪漫情怀的淡紫色美味
这般梦幻，你怎么忍心拒绝呢

紫薯米豆浆

◉ 原料 *Ingredients* •

水发大米……35克　紫薯……40克
水发黄豆……45克

◉ 做法 *Directions* •

1 洗净去皮的紫薯切滚刀块。
2 把洗好的大米倒入豆浆机中，放入紫薯、黄豆，注水至水位线即可。
3 盖上豆浆机机头，选择“五谷”程序，再选择“开始”键，开始打浆。
4 待豆浆机运转约20分钟（“嘀嘀”声响起）后，即成豆浆。

营养功效

紫薯含有蛋白质、淀粉、果胶、纤维素、维生素E等成分，有缓解疲劳、益气补血、防癌抗癌等功效。

每日轻酌一小杯
无敌电眼喝出来

木耳胡萝卜豆浆

◉ 原料 *Ingredients* •

胡萝卜……60克
水发黑木耳……30克
水发黄豆……45克

◉ 调料 *Condiments* •

蜂蜜……少许

◉ 做法 *Directions* •

1 洗净的胡萝卜切滚刀块，备用。
2 把胡萝卜倒入豆浆机中，放入洗净的黄豆、黑木耳，注水至水位线即可。
3 盖上豆浆机机头，选择“五谷”程序，再选择“开始”键，开始打浆。
4 待豆浆机运转约15分钟（“嘀嘀”声响起）后，断电，滤取豆浆，加蜂蜜调味即可。

营养功效

胡萝卜含有葡萄糖、淀粉、胡萝卜素、钾、钙、磷等成分，具有益肝明目、利膈宽肠、降血糖、降血脂等功效。

银耳枸杞豆浆

又是周末清晨到
蔬菜豆浆来报到

◉ 原料 *Ingredients*

水发银耳……100克
水发黄豆……200克
枸杞……15克

◉ 调料 *Condiments*

食粉……2克

◉ 做法 *Directions*

1 洗好的银耳切成小块。
2 取来榨汁机，倒入黄豆、矿泉水，榨取黄豆汁；取隔渣袋，倒入黄豆汁，滤掉豆渣。
3 锅中注水烧开，放入食粉、银耳，煮至沸，捞出。
4 把黄豆汁倒入砂锅中，煮约5分钟后，倒入银耳、枸杞拌匀，煮约2分钟至沸腾即可。

营养功效

银耳含有钙、镁、钾、铁等营养物质，且热量很低，还含有较多的膳食纤维，能有效延缓血糖值上升。

百变的豆浆
不变的至臻美味

青豆大米豆浆

◉ 原料 *Ingredients* •

青豆……45克
水发大米……40克
水发黄豆……50克

◉ 做法 *Directions* •

1 将已浸泡8小时的黄豆倒入碗中，放入大米，加水搓洗干净，沥干水分。
2 把洗好的材料倒入豆浆机中，放入青豆，注水至水位线，盖上豆浆机机头。
3 选择“五谷”程序，再选择“开始”键。
4 待豆浆机运转约20分钟（“嘀嘀”声响起）后，滤取豆浆即可。

营养功效

青豆中含亚油酸和亚麻酸，可改善脂肪代谢，降低人体中甘油三酯和胆固醇的含量。

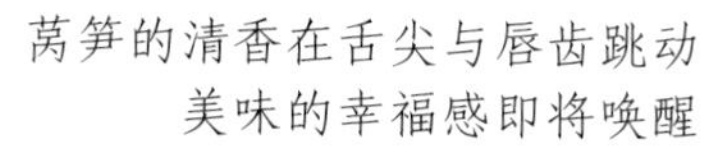
莴笋的清香在舌尖与唇齿跳动
美味的幸福感即将唤醒

莴笋核桃豆浆

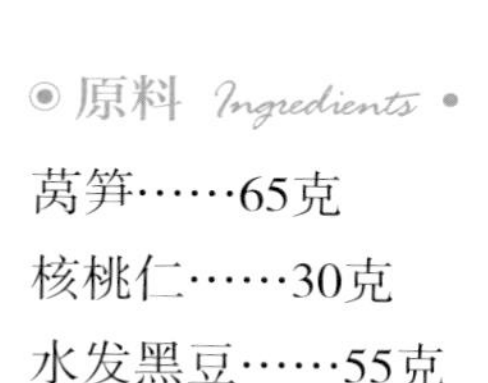

◉ 原料 *Ingredients* •

莴笋……65克
核桃仁……30克
水发黑豆……55克

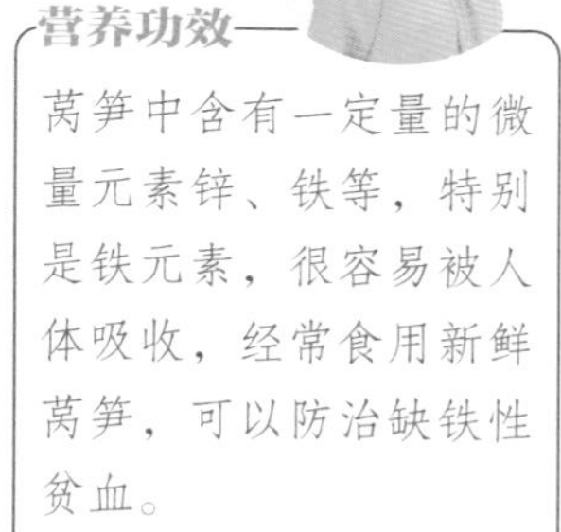

营养功效

莴笋中含有一定量的微量元素锌、铁等，特别是铁元素，很容易被人体吸收，经常食用新鲜莴笋，可以防治缺铁性贫血。

◉ 做法 *Directions* •

1 洗净去皮的莴笋切成滚刀块，备用。
2 把备好的莴笋、核桃仁倒入豆浆机中，放入洗好的黑豆，注水至水位线即可。
3 盖上豆浆机机头，选择“五谷”程序，再选择“开始”键，开始打浆。
4 待豆浆机运转约15分钟（“嘀嘀”声响起）后，断电，滤取豆浆即可。

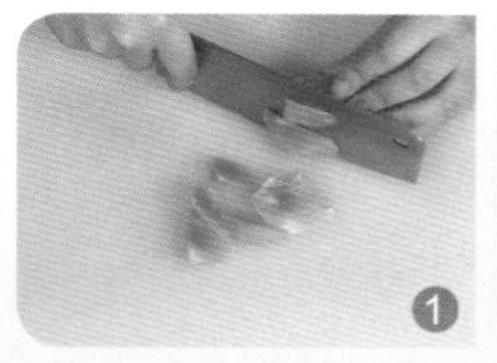

红枣南瓜豆浆

一杯红枣南瓜浆
心中阴霾饮顿消

◉ 原料 *Ingredients* •

红枣……10克
豆浆……500毫升
南瓜……200克

◉ 调料 *Condiments* •

白糖……10克

◉ 做法 *Directions* •

1 蒸锅中放入洗好的红枣、洗净切好的南瓜，盖上盖，用中火蒸15分钟至熟，取出。
2 将南瓜按压至泥状；将红枣切开，去核切碎。
3 砂锅中倒入豆浆，开大火，加入白糖，拌至溶化。
4 加入红枣、南瓜泥拌匀，稍煮片刻至入味即可。

营养功效

南瓜含有淀粉、蛋白质、胡萝卜素、维生素C和钙、磷等成分，具有润肺益气、美容养颜、预防便秘等作用。

山药也可做豆浆
健脾养胃作用佳

山药绿豆豆浆

◉ 原料 *Ingredients* •

山药……120克

水发绿豆……40克

水发黄豆……50克

◉ 调料 *Condiments* •

白糖……适量

◉ 做法 *Directions* •

1 洗净去皮的山药切片。

2 将已浸泡6小时的绿豆倒入碗中，放入已浸泡8小时的黄豆，加水搓洗干净。

3 把洗好的食材倒入豆浆机中，加入适量白糖，注水至水位线即可。

4 待豆浆机运转约15分钟（“嘀嘀”声响起）后，即成豆浆。

营养功效

山药含有黏液蛋白、淀粉酶、多酚氧化酶、胆碱等成分，具有健脾胃、安心神、降血糖、增强免疫力等功效。

燕麦枸杞山药豆浆

养生食材巧搭配
三高从此远离你

◉ 原料 Ingredients •

水发黄豆……40克
枸杞……5克
燕麦……15克
山药……25克

◉ 做法 Directions •

1 洗净去皮的山药切成片，待用。
2 将已浸泡8小时的黄豆倒入碗中，注水搓洗干净，沥干水分。
3 将枸杞、燕麦、山药、黄豆倒入豆浆机中，注水至水位线即可。
4 待豆浆机运转约15分钟（“嘀嘀”声响起）后，即成豆浆。

营养功效

燕麦含有B族维生素、泛酸、叶酸、磷、钾、铁、铜等成分，具有益肝和胃、润肠通便、降血压、降血脂等功效。

选择西红柿和山药
美白不用愁

西红柿山药豆浆

◉ 原料 *Ingredients* •

水发黄豆……50克
西红柿……50克
山药……50克

◉ 做法 *Directions* •

1 洗好的西红柿切成小块；洗净去皮的山药切片，再切成小块。
2 将山药、西红柿倒入豆浆机中，倒入洗好的黄豆，加水至水位线即可。
3 盖上豆浆机机头，待豆浆机运转约15分钟（“嘀嘀”声响起）后。
4 断电，把煮好的豆浆倒入滤网，滤取豆浆即可。

营养功效

西红柿含有蛋白质、维生素C、胡萝卜素、有机酸及多种矿物质，可开胃消食、美白祛斑、生津止渴、清热解毒。

酸酸甜甜的清晨
酸酸甜甜的豆浆

茄汁豆浆

◉ 原料 *Ingredients*

水发黄豆……50克
番茄酱……少许

◉ 做法 *Directions*

1 将已浸泡8小时的黄豆倒入碗中，加水搓洗干净，沥干水分。
2 把洗好的黄豆倒入豆浆机中，注水至水位线即可。
3 盖上豆浆机机头，选择“五谷”程序，再选择“开始”键，开始打浆。
4 待豆浆机运转约15分钟（“嘀嘀”声响起）后，滤取豆浆，挤入适量番茄酱搅拌均匀即可。

营养功效

黄豆含有蛋白质、大豆异黄酮、维生素A、铁、磷等成分，具有健脾、益气、宽中、润燥、消水等功效。

马蹄与黑豆的黑白配
为你的肠胃减减肥

马蹄黑豆浆

◉ 原料 *Ingredients* •

马蹄肉……25克
水发黑豆……50克

◉ 做法 *Directions* •

1 洗净的马蹄肉切厚片，再切块，备用。
2 将已浸泡8小时的黑豆倒入碗中，加入适量清水搓洗干净，沥干水分。
3 倒入豆浆机中，放入马蹄肉，盖上豆浆机机头，开始打浆。
4 待豆浆机运转约15分钟（“嘀嘀”声响起）后，即成豆浆。

营养功效

马蹄含有蛋白质、粗纤维、胡萝卜素、B族维生素、维生素C、铁、钙等成分，可促消化、消宿食、健肠胃。

芳香花草豆浆

中国文人都钟情于花草，菊花有陶渊明的“采菊东篱下，悠然见南山”，莲花有周敦颐的“出淤泥而不染，濯清涟而不妖”，槐花有“知味停车，闻香下马”等等。现在，花草的用途更为广泛，可以入药，也可以磨成豆浆。试想，在午后的阳光下，来杯清新的花草豆浆，一亲芳泽，再配上些点心，能不惬意得让人羡慕？

累了来一杯
赶走疲惫又舒心

上海青花豆浆

◉ 原料 *Ingredients* •

水发黄豆……50克
水发黑豆……10克
玫瑰花……5克
上海青……10克

◉ 做法 *Directions* •

1 将已浸泡8小时的黑豆、黄豆倒入碗中，注水搓洗干净，沥干水分。
2 将备好的黑豆、黄豆、玫瑰花、上海青倒入豆浆机中，注水至水位线即可。
3 盖上豆浆机机头，选择“五谷”程序，再选择“开始”键，开始打浆。
4 待豆浆机运转约15分钟（“嘀嘀”声响起）后，滤取豆浆，倒入杯中即可。

营养功效

黑豆含有丰富的维生素E，能清除体内的自由基，减少皮肤皱纹，以达到养颜美容的目的。

1

2

3

4

想要拥有不老容颜
黄瓜玫瑰豆浆不可缺

清心黄瓜玫瑰豆浆

◉ 原料 *Ingredients* •

黄瓜……60克　水发黄豆……60克
玫瑰花……少许

◉ 调料 *Condiments* •

白糖……适量

◉ 做法 *Directions* •

1 洗净的黄瓜切条，再切块，备用。
2 取豆浆机，倒入备好的玫瑰、黄瓜、黄豆，注入适量清水，至水位线即可。
3 盖上豆浆机机头，选择“五谷”程序，再选择“开始”键，待豆浆机运转约30分钟（“嘀嘀”声响起）后，即成豆浆。
4 把豆浆倒入碗中，加适量白糖拌至溶化即可饮用。

营养功效

黄瓜含有蛋白质、维生素、胡萝卜素、钙、磷、铁等营养成分，具有清热解毒、健脑安神、减肥瘦身等功效。

玫瑰的芬芳融化在浓浓的豆浆之中
香得沁心，浓得诱人

玫瑰薏米豆浆

◉ 原料 *Ingredients* •

水发黄豆……45克
薏米……40克
玫瑰花……7克

◉ 做法 *Directions* •

1 将已浸泡8小时的黄豆倒入碗中，放入薏米，加入适量清水，搓洗干净。
2 把洗好的材料倒入豆浆机中，放入洗好的玫瑰花，注水至水位线，盖上豆浆机机头。
3 选择“五谷”程序，再选择“开始”键。
4 待豆浆机运转约20分钟（“嘀嘀”声响起）后，即成豆浆。

营养功效

薏米含有蛋白质、纤维素、B族维生素、维生素E、镁等成分，具有健脾和胃、除湿清热、增强免疫力等功效。

在最平凡、最普通的豆浆里
得到最默契的理解与最温情的关怀

玫瑰花豆浆

◎原料 *Ingredients*

水发黄豆……60克
玫瑰花……3克

◎做法 *Directions*

1 将已浸泡8小时的黄豆倒入碗中，注入适量清水搓洗干净，沥干水分。
2 将备好的玫瑰花、黄豆倒入豆浆机，注水至水位线即可。
3 盖上豆浆机机头，选择“五谷”程序，再选择“开始”键，开始打浆。
4 待豆浆机运转约15分钟（“嘀嘀”声响起）后，滤取豆浆，倒入杯中即可。

营养功效

玫瑰花含有氨基酸、挥发油、鞣质、槲皮苷、苦味质等成分，具有行气养血、柔肝醒胃等功效。

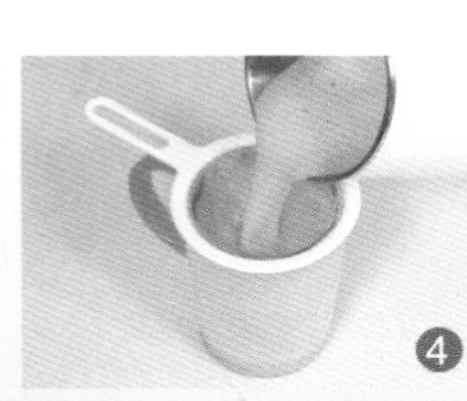

黄豆桑叶黑米豆浆

桑叶也可做豆浆
尝过之后，你会有新发现

◉ 原料 Ingredients •

干桑叶……5克
水发黑米……30克
水发黄豆……50克

◉ 做法 Directions •

1 在碗中倒入已浸泡8小时的黄豆，放入已浸泡4小时的黑米，注入适量清水，搓洗干净。
2 将洗净的食材倒入豆浆机中，再加入洗好的干桑叶，注水至水位线，盖上豆浆机机头。
3 选择“五谷”程序，再选择“开始”键。
4 待豆浆机运转约15分钟（“嘀嘀”声响起）后，即成豆浆。

营养功效

干桑叶有散风除热、清肝明目之功效。研究证明，桑叶还有良好的美容作用。

采菊东篱下，悠然见南山
带你领略诗情画意的美味

菊花枸杞豆浆

◉ 原料 Ingredients •

水发黄豆……100克　　枸杞……少许
菊花…… 少许

◉ 做法 Directions •

1 将已浸泡8小时的黄豆放入碗中，注入适量清水，搓洗干净，沥干水分。
2 取豆浆机，倒入备好的黄豆、菊花、枸杞，注入适量清水至水位线即可。
3 盖上豆浆机机头，选择“五谷”程序，再选择“开始”键，开始打浆。
4 待豆浆机运转约20分钟（“嘀嘀”声响起）后，即成豆浆。

营养功效

菊花含有挥发油、菊苷、腺嘌呤、氨基酸、黄酮类等成分，具有清肝泻火、降压降脂、抗氧化、防衰老等功效。

这清新的绿色仿佛在豆浆中流动
流淌在舌尖，最终流进心底

双豆茶豆浆

◉ 原料 *Ingredients* •

水发黄豆……60克　水发绿豆……70克
绿茶叶……8克

◉ 调料 *Condiments* •

冰糖……40克

◉ 做法 *Directions* •

1 将已浸泡8小时的黄豆、浸泡4小时的绿豆倒入碗中，加入适量清水搓洗干净。
2 将黄豆、绿豆、茶叶倒入豆浆机中，加入适量的冰糖，注入适量清水，至水位线即可。
3 待豆浆机运转约15分钟（“嘀嘀”声响起）后，将豆浆机断电。
4 把煮好的豆浆倒入滤网，滤取豆浆即可。

营养功效

绿茶的茶多酚具有很强的抗氧化性和生理活性，有助于延缓衰老，是人体自由基的清除剂。

百合圣洁，绿茶清爽
一种说不出的清雅萦绕其中

绿茶百合豆浆

◉ 原料 *Ingredients* •

鲜百合……4克
绿茶……3克
水发黄豆……60克

◉ 做法 *Directions* •

1 将已浸泡8小时的黄豆倒入碗中，注入适量清水，搓洗干净，沥干水分。
2 将备好的黄豆、绿茶、鲜百合倒入豆浆机中，注入适量清水，至水位线，盖上豆浆机机头。
3 选择“五谷”程序，再选择“开始”键。
4 待豆浆机运转约15分钟（“嘀嘀”声响起）后，即成豆浆。

营养功效

绿茶含有蛋白质、膳食纤维、碳水化合物、钙、铁、磷等成分，具有清热解毒、利尿消肿、开胃消食等功效。

茉莉绿茶豆浆

开启一天活力
让你闻到春天的气息

◉ 原料 *Ingredients* •

水发黄豆……50克
茉莉花……15克
绿茶叶……8克

◉ 做法 *Directions* •

1 将已浸泡8小时的黄豆倒入碗中，加入适量清水搓洗干净，沥干水分。
2 把绿茶叶、茉莉花、黄豆倒入豆浆机中，注水至水位线，再盖上豆浆机机头。
3 选择“五谷”程序，再选择“开始”键。
4 待豆浆机运转约15分钟（“嘀嘀”声响起）后，滤取豆浆，装碗即可。

营养功效

茉莉花含有芳樟醇、乙酸芳樟酯、苯甲醇、茉莉酮等成分，具有理气止痛、温中和胃、增强免疫力等功效。

轻轻闻一下，那馥郁的花香便沁入心脾
慢慢抿一口，温热的豆浆有股丝丝的甜

杏仁槐花豆浆

◉ 原料 *Ingredients* •

黄豆……50克　杏仁……15克
槐花……少许

◉ 调料 *Condiments* •

蜂蜜……适量

◉ 做法 *Directions* •

1 把备好的黄豆倒入碗中，加入适量清水搓洗干净，沥干水分。
2 把洗好的黄豆倒入豆浆机中，放入杏仁、槐花，注水至水位线即可。
3 盖上豆浆机机头，开始打浆，待豆浆机运转约20分钟（“嘀嘀”声响起）后，滤取豆浆。
4 倒入杯中，加入蜂蜜拌匀，撇去浮沫，即可饮用。

营养功效

杏仁含有蛋白质、维生素、胡萝卜素、挥发油、铁、锌等营养成分，具有宣肺止咳、降气平喘等功效。

营养水果豆浆

如果说《何以笙箫默》是所有人对爱情最美好的期待，那么，渴望像唐嫣那般拥有如鲜果般娇嫩的“糖水美肌”，就是每个女孩子的终极梦想了。其实，水果向来都是是美肤纤体得力助手，不仅可以鲜食，更可以磨成豆浆，尤其是在夏天，来上一杯鲜磨水果豆浆，真是美极了。

从容微笑，淡泊人生
幸福也许就是每天一杯豆浆

荞麦山楂豆浆

◉ 原料 *Ingredients* •

水发黄豆……60克
荞麦……10克
鲜山楂……30克

◉ 做法 *Directions* •

1 洗净的山楂切开，去核，再切成块。
2 将已浸泡8小时的黄豆、荞麦倒入碗中，注水搓洗干净，沥干水分。
3 将山楂、黄豆、荞麦倒入豆浆机中，注水至水位线即可。
4 盖上机头，待豆浆机运转约15分钟（“嘀嘀”声响起）后，滤取豆浆即可。

营养功效

荞麦含有蛋白质、维生素E、柠檬酸、苹果酸、钙、磷、铁等营养物质，具有健胃、消积、降血糖等功效。

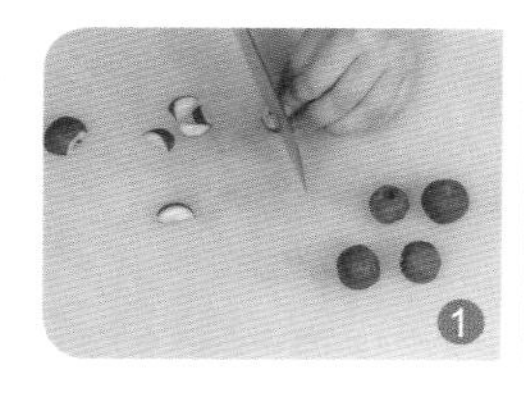

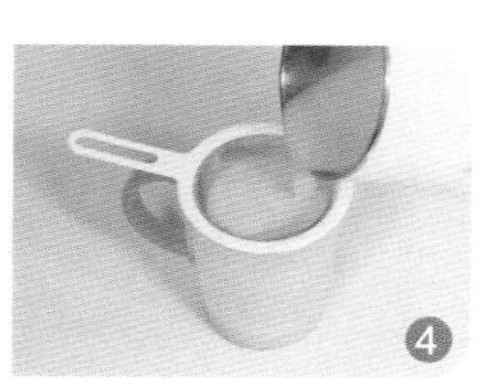

麻屋子，红帐子
里面住个白胖子

桂圆花生豆浆

◉ 原料 *Ingredients* •

水发黄豆……40克　　水发花生米……20克
桂圆肉……8克

◉ 做法 *Directions* •

1 将已浸泡8小时的黄豆倒入碗中，放入桂圆肉、花生米，注水搓洗干净。
2 将洗净的食材倒入豆浆机中，注水至水位线即可。
3 盖上豆浆机机头，选择“五谷”程序，再选择“开始”键，开始打浆。
4 待豆浆机运转约15分钟（“嘀嘀”声响起）后，滤取豆浆即可。

营养功效

桂圆的糖分含量很高，且含有能被人体直接吸收的葡萄糖，体弱贫血者经常吃些桂圆有补益作用。

以慢生活之名
品一杯桂圆糯米豆浆

桂圆糯米豆浆

◉ 原料 *Ingredients* •

水发黄豆……50克　　桂圆肉……15克
糯米……15克

◉ 调料 *Condiments* •

白糖……10克

◉ 做法 *Directions* •

1 将已浸泡4小时的糯米、泡发8小时的黄豆倒入碗中，加水搓洗干净，倒入滤网，沥干水分。

2 把洗好的黄豆、糯米、桂圆肉倒入豆浆机中，注入适量清水，至水位线即可。

3 盖上豆浆机机头，开始打浆，待豆浆机运转约15分钟（“嘀嘀”声响起）后，即成豆浆。

4 把煮好的豆浆倒入杯中，加入白糖拌均匀即可。

营养功效

桂圆含有蛋白质、葡萄糖、蔗糖及多种维生素、微量元素等成分，具有安神养心、补血益脾等功效。

葡萄干酸豆浆

葡萄干融入豆浆中
益气养胃，美味香甜

◉ 原料 *Ingredients*

水发黄豆……40克
葡萄干……少许

◉ 做法 *Directions*

1 将已浸泡8小时的黄豆倒入碗中，注入适量清水，用手搓洗干净，沥干水分。
2 将备好的黄豆、葡萄干倒入豆浆机中，注入适量清水，至水位线即可。
3 盖上豆浆机机头，开始打浆。
4 待豆浆机运转约15分钟（“嘀嘀”声响起）后，将豆浆机断电，滤取豆浆即可。

营养功效

葡萄干含有蛋白质、葡萄糖、果糖、钙、钾、磷、铁等营养成分，具有补肝肾、益气血、开胃生津等功效。

当雪梨恋上猕猴桃
甜蜜和幸福加倍

雪梨猕猴桃豆浆

◉ 原料 *Ingredients* •

雪梨……50克　　　猕猴桃……40克
水发黄豆……60克

◉ 做法 *Directions* •

1 洗净去皮的猕猴桃切成丁；洗好去皮的雪梨去核，再切成小块。
2 将已浸泡8小时的黄豆倒入碗中，加水搓洗干净，沥干水分。
3 倒入豆浆机中，放入猕猴桃、雪梨、清水，选择“五谷”程序，再选择“开始”键，开始打浆。
4 待豆浆机运转约15分钟（“嘀嘀”声响起）后，滤取豆浆即可饮用。

营养功效

雪梨含有苹果酸、柠檬酸、胡萝卜素、B族维生素、维生素C等营养成分，可生津润燥、清热化痰、降低血压。

芝麻苹果豆浆

苹果玩出新花样
健康滋味享不停

◉ 原料 *Ingredients* •

黑芝麻……10克
苹果……35克
水发黄豆……50克

◉ 调料 *Condiments* •

白糖……适量

◉ 做法 *Directions* •

1 洗净的苹果切成瓣，去核，再切成块，备用。
2 将浸泡8小时的黄豆倒入碗中，注水洗净，沥干水分。
3 将备好的苹果、黑芝麻、黄豆倒入豆浆机中，注水至水位线。
4 待豆浆机运转约15分钟（“嘀嘀”声响起）后，滤取豆浆，倒入碗中，放入少许白糖拌匀，撇去浮沫即可。

营养功效

黑芝麻含有糖类、维生素A、维生素E、卵磷脂、钙、铁等成分，有补充钙质、保肝护肾、增强免疫力的功效。

颜色看着像牛奶，小尝一口
却有苹果的芬芳、豆浆的醇香

燕麦苹果豆浆

◉ 原料 *Ingredients* •

水发燕麦……25克　　苹果……35克
水发黄豆……50克

◉ 做法 *Directions* •

1 洗净去皮的苹果去核，再切成小块，备用。
2 将已浸泡8小时的黄豆倒入碗中，放入燕麦、清水搓洗干净，沥干水分。
3 把苹果倒入豆浆机中，放入洗好的食材，注水至水位线即可。
4 盖上豆浆机机头，待豆浆机运转约20分钟（“嘀嘀”声响起）后，滤取豆浆即可。

营养功效

苹果含有维生素C、苹果酸、铜、碘、锰、锌、钾等营养成分，具有生津止渴、清热除烦、健胃消食等功效。

另类口感豆浆

鲁迅先生曾称赞过，“第一个吃螃蟹的人是很令人佩服的，不是勇士谁敢去吃它呢？”螃蟹丑陋凶横，第一个吃螃蟹的人确实需要勇气。生活中相同的东西太多了，何不勇敢尝试新事物呢？俗话说得好，要想知道梨子的滋味，一定要尝一尝。另类口感的豆浆到底好不好，你也要亲自试一试才知道哦。

把海带吃出新创意
让美味变得不简单

绿豆海带豆浆

◉ 原料 *Ingredients* •

水发海带……30克
水发绿豆……40克
水发黄豆……40克

◉ 做法 *Directions* •

1 将洗净的海带切成条，再切成小方块。
2 将已浸泡6小时的绿豆倒入碗中，再放入已浸泡8小时的黄豆，注入适量清水搓洗干净，沥干水分。
3 将备好的绿豆、黄豆、海带倒入豆浆机中，注水至水位线即可。
4 盖上豆浆机机头，选择“五谷”程序，再选择“开始”键，开始打浆，待豆浆机运转约15分钟（“嘀嘀”声响起）后，滤取豆浆即可。

海带含有蛋白质、甘露醇、B族维生素、钙、磷、铁等营养成分，具有减肥瘦身、补充钙质、利尿消肿等功效。

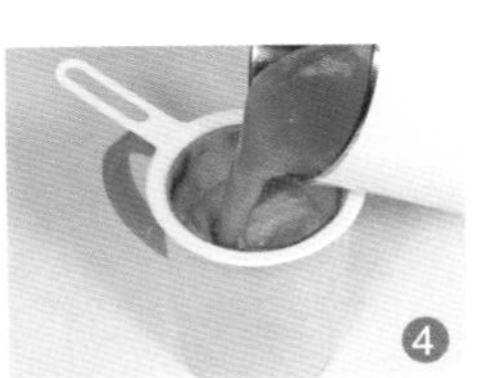

在这里，遇见与众不同的美味
它有着咖啡的色泽、香蕉的甜香

香蕉可可粉豆浆

◉ 原料 *Ingredients* •

香蕉……1根　　　　可可粉……20克
水发黄豆……40克

◉ 做法 *Directions* •

1 洗净的香蕉去皮，用刀将果肉切成小块。
2 将已浸泡8小时的黄豆倒入碗中，倒水用手搓洗干净，沥干水分。
3 将黄豆倒入豆浆机中，加入香蕉、可可粉，注水至水位线，盖上豆浆机机头。
4 待豆浆机运转约15分钟（“嘀嘀”声响起）后，滤取豆浆即可。

营养功效

香蕉含有蛋白质、糖类、维生素、磷、钙、钾等成分，有清热解毒、助消化、增强免疫力的功效。

蛋黄加紫菜
你从来没喝过的豆浆

蛋黄紫菜豆浆

原料 Ingredients

熟蛋黄……40克　　紫菜……5克
水发黄豆……50克

做法 Directions

1 将已浸泡8小时的黄豆倒入碗中，注入适量清水搓洗干净，沥干水分。

2 把紫菜、熟蛋黄、黄豆倒入豆浆机中，注水至水位线即可。

3 盖上豆浆机机头，选择“五谷”程序，再选择“开始”键，开始打浆。

4 待豆浆机运转约15分钟（“嘀嘀”声响起）后，滤取豆浆即可。

营养功效

紫菜含有胆碱、胡萝卜素、维生素B_1、烟酸、维生素C等成分，有化痰软坚、补肾养心、增强免疫力的功效。

青葱燕麦豆浆

青葱与燕麦同行
演绎出非凡的滋味

◉ 原料 *Ingredients* •

水发黄豆……55克
燕麦……35克
葱段……15克

◉ 做法 *Directions* •

1 将已浸泡8小时的黄豆倒入碗中，放入燕麦，加水搓洗干净，沥干水分。
2 把葱段、燕麦、黄豆倒入豆浆机中，注入适量清水，至水位线，盖上豆浆机机头。
3 选择“五谷”程序，再选择“开始”键，开始打浆。
4 待豆浆机运转约15分钟（“嘀嘀”声响起）后，滤取豆浆即可。

营养功效

葱含有蛋白质、胡萝卜素、维生素C、辣素、钙、磷等营养成分，具有清热祛毒、发汗解表、防癌抗癌等功效。

不可不学的虾皮紫菜豆浆
补钙营养又减肥

虾皮紫菜豆浆

原料 Ingredients

水发黄豆……40克
紫菜……少许
虾皮……少许

调料 Condiments

盐……少许

做法 Directions

1 将浸泡8小时的黄豆倒入碗中，注水洗净，沥干水分。
2 将备好的虾米、黄豆、紫菜倒入豆浆机中，注水至水位线即可。
3 盖上豆浆机机头，选择“五谷”程序，再选择“开始”键，开始打浆。
4 待豆浆机运转约15分钟（“嘀嘀”声响起）后，滤取豆浆，加入少许盐搅匀即可。

营养功效

紫菜含有核黄素、烟酸、硫辛酸、胆碱、丙氨酸、谷氨酸等成分，具有化痰软坚、清热利水、补肾养心等功效。

蒜汁配豆浆
带你领略别样滋味

生菜蒜汁豆浆

◉ 原料 *Ingredients* •

生菜……10克　　去皮蒜头……10克
水发黄豆……50克

◉ 做法 *Directions* •

1 洗净的生菜切段，再切碎，待用。
2 将已浸泡8小时的黄豆倒入碗中，注水搓洗干净，沥干水分。
3 将蒜头、黄豆、生菜倒入豆浆机中，注入适量清水，至水位线即可。
4 盖上豆浆机机头，待豆浆机运转约15分钟（“嘀嘀”声响起）后，滤取豆浆即可。

营养功效

大蒜含有氨基酸、B族维生素、维生素C、钙、铁、钾、镁等营养成分，具有杀菌消毒、增强免疫力等功效。

一杯生菜豆浆下肚
身体似乎变得轻盈了

生菜豆浆

◉ 原料 *Ingredients* •

水发黄豆……55克
生菜……25克

◉ 做法 *Directions* •

1 将已浸泡8小时的黄豆倒入碗中，加入适量清水，搓洗干净，沥干水分。
2 把洗好的黄豆、生菜倒入豆浆机中，注水至水位线，盖上豆浆机机头。
3 选择“五谷”程序，再选择“开始”键，开始打浆。
4 待豆浆机运转约15分钟（“嘀嘀”声响起）后，滤取豆浆即可。

营养功效

生菜含有维生素、膳食纤维、钙、钾等成分，具有降低胆固醇、安神助眠、促进血液循环等功效。

第三章

花样四季豆浆，赶走『撞衫』烦恼

中国有一句老话儿，叫做『不时，不食』，

说的就是吃东西要应时令、按季节，

到什么时候就吃什么东西。

阳春三月，万物萌发，此时最宜补肝补阳；

炎炎六月，阳气旺盛，这时候可以给自己降降火；

流金九月，天干物燥，身体需要水分来缓解秋燥；

寒冬腊月，朔风凛冽，需要补充热量度寒冬。

营养学家们也认为，

根据四季特点饮用不同的豆浆是养生的饮食方式。

本章根据每个季节的不同特性，

奉上了多款应季豆浆，让你穿越一年四季，

在时节变换中寻找属于每个季节的独特美味。

清淡养阳

春季喝豆浆，

“春眠不觉晓，处处闻啼鸟。夜来风雨声，花落知多少。”这是唐代诗人孟浩然的一首诗，描绘的是早春时节鸟语花香，生机盎然的场景。是的，明媚的春天让万物都充满了生机，而我们同样要在这个万物复苏的季节，给沉睡已久的身体注入一抹清淡温润的豆浆，为自己的身体带来新的生机和活力。

温补气血
红枣糯米最相宜

红枣糯米豆浆

◉ 原料 *Ingredients* •

水发黄豆……100克
水发糯米……100克
去核红枣……20克

◉ 做

1 将 豆、浸泡4小时的糯米
，沥干水分。

2 枣倒入豆浆机中，注水
至水位线

3 盖上豆浆机机头，开始打浆，待豆浆机运转约20分钟（“嘀嘀”声响起）后，即成豆浆。

4 取下机头，将打好的豆浆倒入滤网中，滤取豆浆，再倒入碗中即可。

营养功效

红枣性温味甘，含有多种营养成分，是一味滋补脾胃、养血安神、增强免疫力的食材。

香蕉草莓一相逢
便胜却美味无数

香蕉草莓豆浆

◉ 原料 Ingredients •

草莓……20克　香蕉……20克　水发黄豆……40克

◉ 做法 Directions •

1 洗净的香蕉去皮，切成片，备用。
2 将已浸泡8小时的黄豆倒入碗中，注入适量清水洗净，沥干水分。
3 将备好的香蕉、草莓、黄豆倒入豆浆机中，注水至水位线，盖上豆浆机机头。
4 选择“五谷”程序，再选择“开始”键，待豆浆机运转约15分钟（“嘀嘀”声响起）后，把煮好的豆浆倒入滤网，滤取豆浆，装碗即可。

营养功效

草莓含有氨基酸、多种糖类、柠檬酸、苹果酸等营养成分，具有清热去火、生津养胃、明目养肝等功效。

春天的蒲公英是阳光的颜色
蒲公英豆浆的心情便像太阳般温暖

蒲公英绿豆浆

◉ 原料 *Ingredients* •

小米……20克　　蒲公英……5克
水发绿豆……40克

◉ 调料 *Condiments* •

蜂蜜……适量

◉ 做法 *Directions* •

1 将浸泡6小时的绿豆倒入碗中，放入小米，注水洗净，倒入滤网，沥干水分。
2 所有原料倒入豆浆机中，注水至水位线，盖上豆浆机机头，待豆浆机运转约20分钟（“嘀嘀”声响起）后，断电。
3 取下机头，把煮好的豆浆倒入滤网，滤取豆浆。
4 倒入杯中，加入适量蜂蜜，拌匀即可饮用。

营养功效

蒲公英含有蛋白质、粗纤维、B族维生素、铁、钙、镁等成分，有清热解毒、利尿散结、改善湿疹等功效。

茉莉花豆浆

好一碗茉莉花豆浆
又香又白人人夸

◉ 原料 *Ingredients* •

水发黄豆……85克
茉莉花……12克
水发鹰嘴豆……75克

◉ 做法 *Directions* •

1 将茉莉花放入清水中，清洗干净；把茉莉花放入沸水中，泡约3分钟，待用。
2 取备好的豆浆机，倒入泡发的黄豆和鹰嘴豆，注入茉莉花茶至水位线，盖上豆浆机机头。
3 选择“开始”键，待其运转约15分钟（“嘀嘀”声响起）。
4 断电后取下机头，倒出煮好的豆浆，装碗即成。

营养功效

鹰嘴豆有补血益气、降血糖、保护皮肤等功效；春季食用茉莉花有利于散发体内的寒邪，促进体内阳气生发。

南瓜红米一相遇
磨成豆浆难舍弃

南瓜红米豆浆

◉ 原料 *Ingredients* •

水发黄豆……40克　　水发红米……20克　　南瓜……50克

◉ 做法 *Directions* •

1 洗净去皮的南瓜切小块，装盘待用。

2 将已浸泡4小时的红米倒入碗中，放入浸泡8小时的黄豆，加水洗净，倒入滤网，沥水。

3 把备好的南瓜、红米、黄豆倒入豆浆机中，盖上豆浆机机头，开始打浆。

4 待豆浆机运转约15分钟（“嘀嘀”声响起）后，把煮好的豆浆倒入滤网，滤取豆浆，倒入碗中，捞去浮沫即可。

营养功效

红米中含有丰富的淀粉、植物蛋白质、铁质等营养成分，具有健脾消食、补阳气、补血等功效。

当胡萝卜遇上黑豆
营养与美味便巧妙融合

胡萝卜黑豆豆浆

◉ 原料 *Ingredients* •

水发黑豆……60克　　胡萝卜块……50克

◉ 做法 *Directions* •

1 将已浸泡8小时的黑豆倒入碗中，注入适量清水洗净，沥干水分。

2 把准备好的黑豆、胡萝卜块倒入豆浆机中，注水至水位线即可。

3 盖上豆浆机机头，开始打浆，待豆浆机运转约15分钟（“嘀嘀”声响起）后，即成豆浆。

4 将豆浆机断电，把煮好的豆浆倒入滤网，滤取豆浆，再倒入杯中即可。

营养功效

胡萝卜含有蔗糖、葡萄糖、淀粉、胡萝卜素、钾、钙、磷等营养成分，具有降血压、抗炎、增强免疫力等功效。

豆浆也玩儿混搭风
中西合璧，营养加分

牛奶豆浆

原料 Ingredients

水发黄豆……50克
牛奶……20毫升

做法 Directions

1 将已浸泡8小时的黄豆倒入碗中，注水洗净，倒入滤网，沥干水分。
2 将黄豆、牛奶倒入豆浆机中，注水至水位线，盖上豆浆机机头，开始打浆。
3 待豆浆机运转约15分钟（“嘀嘀”声响起）后，将豆浆机断电。
4 把煮好的豆浆倒入滤网，滤取豆浆，装碗即可。

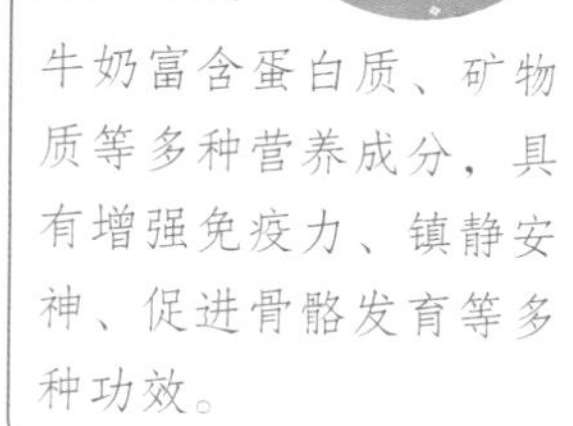

营养功效

牛奶富含蛋白质、矿物质等多种营养成分，具有增强免疫力、镇静安神、促进骨骼发育等多种功效。

黄豆黄芪大米豆浆

黄豆大米磨成浆
益气护肤保健康

◉ 原料 *Ingredients* •

水发黄豆……60克
黄芪……8克
水发大米……50克

◉ 做法 *Directions* •

1 将发好的黄豆、大米倒入碗中，加水洗净，倒入滤网，沥干水分。
2 把黄豆、大米倒入豆浆机中，加入洗净的黄芪，注水至水位线，盖上豆浆机机头。
3 选择“五谷”程序，再选择“开始”键，待豆浆机运转约15分钟（“嘀嘀”声响起）后。
4 断电，把煮好的豆浆倒入滤网，滤取豆浆即可。

营养功效

黄芪是补气的传统药物，具有益气升阳、排脓敛疮、利尿、生肌等功效。

有时候，这样的美味
会让你留恋不放手

红豆紫米补气豆浆

◉ 原料 *Ingredients*

紫米……15克　水发红豆……30克
水发黄豆……40克

◉ 调料 *Condiments*

冰糖……适量

◉ 做法 *Directions*

1 紫米装碗，再倒入泡发的红豆、黄豆，注水洗净，倒入滤网，沥干水分。

2 将洗净的食材倒入豆浆机中，放入冰糖，注水至水位线。

3 盖上豆浆机机头，选择“五谷”程序，再选择“开始”键，待豆浆机运转约20分钟（“嘀嘀”声响起）后，即成豆浆。

4 把煮好的豆浆倒入滤网，滤取豆浆，撇去浮沫即可。

营养功效

紫米含有蛋白质、B族维生素、叶酸及多种矿物质，有益气补血、暖脾胃等功效。

夏季喝豆浆，清热解暑

唐代诗人杜甫曾经有过“仲夏苦夜短，开轩纳微凉”的感叹，在那个没有空调、没有电风扇的时代，我们很难想象古人是如何度过炎热的夏天的。时代进步，岁月变迁，现在我们虽然有了外力的帮助，免于遭受炎热，但是身体内部的需求我们是否注意到了呢？炎炎夏日最好来杯具有清热解暑功效的豆浆，从内到外，清凉一夏。

豆浆里面加莲子
清热效果真不赖

红枣花生莲子豆浆

◉ 原料 *Ingredients* •

莲子……20克
红枣……15克
花生米……30克
水发黄豆……45克

◉ 做法 *Directions* •

1 洗好的红枣切开，去核，再切成小块。
2 把洗好的莲子倒入豆浆机中，放入备好的花生米、红枣、黄豆，注水至水位线。
3 盖上豆浆机机头，选择“五谷”程序，再选择“开始”键，待豆浆机运转约20分钟（“嘀嘀”声响起）后，将豆浆机断电。
4 把煮好的豆浆倒入滤网，滤取豆浆，再倒入碗中，撇去浮沫即可。

营养功效——

莲子含有蛋白质、莲心碱、棉子糖、钙、磷、钾等营养成分，带心食用能有效清心火，起到清热解暑的作用。

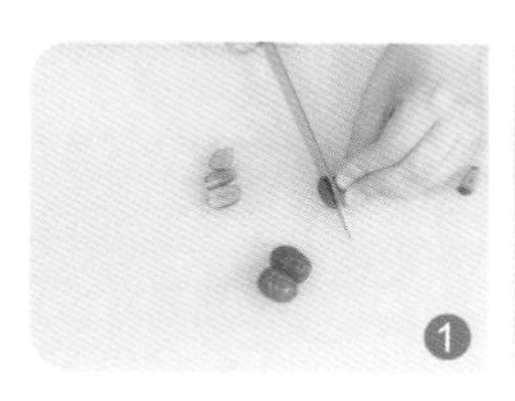
1

2

3

4

南瓜二豆浆

南瓜配绿豆
夏日排毒效果好

◉ 原料 *Ingredients* •

水发红豆……40克
水发绿豆……40克
南瓜块……30克

◉ 做法 *Directions* •

1 将已浸泡4小时的红豆、绿豆洗净，沥干水分。
2 将红豆、绿豆、南瓜倒入豆浆机中，注入适量清水，至水位线即可。
3 盖上豆浆机机头，开始打浆，待豆浆机运转约15分钟（“嘀嘀”声响起）后，即成豆浆。
4 把煮好的豆浆倒入滤网，滤取豆浆即可。

营养功效

南瓜有润肺益气、化痰排脓等功效；绿豆具有清热消暑、利尿消肿等功效。此豆浆适合夏季饮用。

清凉薄荷蜂蜜豆浆
初夏也能神清气爽

薄荷蜂蜜豆浆

◉ 原料 *Ingredients* •

水发黄豆……80克　　薄荷……5克

◉ 调料 *Condiments* •

蜂蜜……10克

◉ 做法 *Directions* •

1 将已浸泡8小时的黄豆倒入碗中，加水洗净，倒入滤网，沥干水分。

2 把备好的薄荷、黄豆倒入豆浆机中，注入适量清水至水位线，再盖上豆浆机机头。

3 选择"五谷"程序，再选择"开始"键，待豆浆机运转约15分钟（"嘀嘀"声响起）后，断电。

4 把煮好的豆浆倒入滤网，滤取豆浆，再倒入碗中，撇去浮沫，加蜂蜜拌匀即可。

营养功效

薄荷是常用中药，幼嫩茎尖可作菜食，可治感冒发热喉痛、头痛、目赤痛等症，夏天食用可清热解暑。

薄荷配绿豆
给你夏日极致清爽

薄荷绿豆豆浆

◉ 原料 *Ingredients* •

水发黄豆……50克　水发绿豆……50克
新鲜薄荷叶……适量

◉ 调料 *Condiments* •

冰糖……适量

◉ 做法 *Directions* •

1 在碗中倒入已浸泡6小时的绿豆，放入已浸泡8小时的黄豆，加水洗净，沥干水。
2 将食材倒入豆浆机内，放入薄荷叶、冰糖，注水至水位线，盖上豆浆机机头。
3 开始打浆，待豆浆机运转约15分钟（“嘀嘀”声响起）后，即成豆浆。
4 断电，把煮好的豆浆倒入滤网，滤取豆浆即可。

营养功效

薄荷味辛性凉，归肺、肝经，具有增进食欲、疏风散热、利水消肿等功效，适合夏季食用。

清绿色食材
打造天然绿色佳肴

莴笋叶绿豆豆浆

原料 *Ingredients*

水发黄豆……40克　　水发绿豆……50克　　莴笋叶……25克

做法 *Directions*

1 碗中倒入已浸泡6小时的绿豆，再放入已浸泡8小时的黄豆，加水洗净，倒入滤网，沥干水分。
2 将洗好的莴笋叶、黄豆、绿豆倒入豆浆机中，注水至水位线。
3 盖上豆浆机机头，选择“五谷”程序，再选择“开始”键，待豆浆机运转约15分钟（“嘀嘀”声响起）后，将豆浆机断电。
4 把煮好的豆浆倒入滤网，滤取豆浆，再倒入杯中，捞去浮沫即可。

营养功效

莴笋叶中含有维生素、蛋白质、糖类、铁质等营养成分，适合夏季食用，有清热利尿、增进食欲等功效。

苦瓜虽苦
却不会传味给豆浆

绿豆苦瓜豆浆

◉ 原料 *Ingredients*

水发绿豆……55克　　苦瓜……30克

◉ 做法 *Directions*

1 洗净的苦瓜切开、去籽、切条，再改切成小块。
2 将已浸泡6小时的绿豆倒入碗中，加水洗净，倒入滤网，沥干水分。
3 把绿豆倒入豆浆机中，放入苦瓜，注水至水位线，盖上豆浆机机头，开始打浆，待豆浆机运转约15分钟（“嘀嘀”声响起）后，即成豆浆。
4 将豆浆机断电，把煮好的豆浆倒入滤网，滤取豆浆，再倒入杯中，撇去浮沫即可。

营养功效

苦瓜含有胡萝卜素、维生素、苦瓜苷、钾、钙、镁、铁等成分，具有增强免疫力、清热、清心明目、降血糖等功效。

山药加薏米
正是夏天好滋味

山药薏米豆浆

◉ 原料 Ingredients •

山药……50克　　薏米……15克
水发黄豆……50克

◉ 做法 Directions •

1 洗净去皮的山药切成片；将已浸泡8小时的黄豆、薏米倒入碗中，注水洗净，沥干水分。
2 将备好的黄豆、薏米、山药倒入豆浆机中，注入适量清水，至水位线即可。
3 盖上豆浆机机头，开始打浆，待豆浆机运转约15分钟（“嘀嘀”声响起）后，即成豆浆。
4 把煮好的豆浆倒入滤网，滤取豆浆即可。

营养功效

薏米营养丰富，不论用于滋补还是用于治病，作用都较为缓和，微寒而不伤胃，有健脾、利尿、清热、镇咳之效。

火龙果豆浆

迷人的淡黄色
如梦似幻般的美

◉ 原料 *Ingredients*

水发黄豆……60克
火龙果肉……30克

◉ 做法 *Directions*

1 将已浸泡8小时的黄豆倒入碗中，注水洗净，倒入滤网，沥干水分。
2 将备好的黄豆、火龙果肉倒入豆浆机，注水至水位线，盖上豆浆机机头，开始打浆。
3 待豆浆机运转约15分钟（“嘀嘀”声响起）后，将豆浆机断电。
4 把煮好的豆浆倒入滤网，滤取豆浆，装碗即可。

营养功效

火龙果是一种低热量、高纤维的水果，具有排毒解毒、延缓衰老、改善贫血、促进新陈代谢等功效。

听说过木瓜牛奶
却从未尝过木瓜豆浆

木瓜豆浆

◉ 原料 *Ingredients* •

木瓜块……30克

水发黄豆……50克

◉ 做法 *Directions* •

1 将已浸泡8小时的黄豆倒入碗中，注水洗净，倒入滤网，沥干水分。

2 将木瓜、黄豆倒入豆浆机中，注水至水位线即可。

3 盖上豆浆机机头，选择“五谷”程序，再选择“开始”键，待豆浆机运转约15分钟（“嘀嘀”声响起）后，将豆浆机断电。

4 把煮好的豆浆倒入滤网，滤取豆浆，倒入杯中即可。

营养功效

木瓜含有蛋白质、番木瓜碱、木瓜蛋白酶、维生素、磷、钾等成分，具有增强免疫力、健脾胃、降血压等功效。

秋季喝豆浆，生津润燥

秋天的到来总是静悄悄地，当你发现树叶有了黄的味道，白天也不那么炎热了，秋天，也就真正到来了。秋天是一个容易伤感的季节，也是一个人们需要注意调养的季节，特别是秋季干燥易上火，那么，人体就必须经常给自己“补液”，以缓解干燥气候对人体的伤害。这个时候，一杯生津润燥的暖暖豆浆就是很好的选择了。

莲子百合的绝佳组合
带给你一个润润的秋季

百合莲子绿豆浆

◉ 原料 *Ingredients* •

水发绿豆……60克
水发莲子……20克
百合……20克

◉ 调料 *Condiments* •

白糖……适量

◉ 做法 *Directions* •

1 将已浸泡4小时的绿豆倒入碗中，加水洗净，倒入滤网，沥干水。
2 将洗好的绿豆、莲子、百合倒入豆浆机中，注水至水位线。
3 盖上豆浆机机头，选择“五谷”程序，再选择“开始”键，待豆浆机运转约15分钟（“嘀嘀”声响起）后，将豆浆机断电。
4 把煮好的豆浆倒入滤网，滤取豆浆，再倒入碗中，放入白糖，拌匀即可。

营养功效

莲子性平，味甘、涩，含有多种营养成分，是秋季润燥生津、养心安神的首选食材之一。

❶

❷

❸

❹

百合莲子银耳豆浆

『润肺良药』
银耳百合帮你赶走秋燥

◉ 原料 *Ingredients* •

水发绿豆……50克
水发银耳……30克
水发莲子……20克
百合……6克

◉ 调料 *Condiments* •

白糖……适量

◉ 做法 *Directions* •

1 将已浸泡6小时的绿豆倒入碗中，加水洗净，沥干水。
2 将洗好的银耳掐去根部，撕成小块。
3 把备好的莲子、绿豆、银耳、百合倒入豆浆机中，注水至水位线，再盖上豆浆机机头，开始打浆。
4 待豆浆机运转约15分钟（“嘀嘀”声响起）后，倒入滤网，滤取豆浆，倒入碗中，放入白糖拌匀即可。

营养功效

百合中含有多种营养物质，如矿物质、维生素等，可养阴润肺、清心安神，适合夏季食用。

莲子入豆浆
带来“露为风味月为香”的诱惑

莲子花生豆浆

◉ 原料 *Ingredients* •

水发莲子……80克 水发花生……75克
水发黄豆……120克

◉ 调料 *Condiments* •

白糖……20克

◉ 做法 *Directions* •

1 取榨汁机，选择搅拌刀座组合，倒入泡发的黄豆，注水，选择“榨汁”功能，榨取黄豆汁，盛出。
2 再把洗好的花生、莲子装入搅拌杯中，加水，再榨成汁，倒入碗中。
3 将榨好的两种汁倒入砂锅中，大火煮至沸，放入白糖煮至溶化。
4 将煮好的豆浆盛出，装入碗中即可。

营养功效

花生含有维生素B_6、维生素E、维生素K、亚油酸、钙、磷、铁等成分，有降血压、降血糖、润肺化痰、清咽止咳的作用。

芝麻蜂蜜豆浆

想要乌黑浓密的秀发
试试芝麻蜂蜜豆浆

◉ 原料 *Ingredients*

水发黄豆……40克
黑芝麻……5克

◉ 调料 *Condiments*

蜂蜜……少许

◉ 做法 *Directions*

1 将已浸泡8小时的黄豆倒入碗中，注水洗净，沥水。
2 将黄豆、黑芝麻倒入豆浆机中，注水至水位线。
3 盖上豆浆机机头，选择“五谷”程序，再选择“开始”键，待豆浆机运转约15分钟（“嘀嘀”声响起）后，将豆浆机断电，
4 把煮好的豆浆倒入滤网，滤取豆浆，再倒入碗中，加入蜂蜜，拌匀即可。

营养功效

黑芝麻含有甾醇、芝麻素、芝麻酚、维生素E、叶酸、烟酸等成分，具有补肝肾、滋五脏、清热、益精血等功效。

燕麦杏仁新吃法
生津润燥就用它

麦香杏仁豆浆

原料 Ingredients

燕麦……35克　杏仁……25克　水发黄豆……45克

做法 Directions

1 将燕麦倒入碗中，放入已浸泡8小时的黄豆，加水洗净，倒入滤网，沥干水分。

2 把洗好的材料倒入豆浆机中，放入杏仁，注水至水位线。

3 盖上豆浆机机头，选择“五谷”程序，再选择“开始”键，开始打浆。

4 待豆浆机运转约20分钟（“嘀嘀”声响起）后，将煮好的豆浆倒入滤网，滤取豆浆，再倒入碗中，撇去浮沫即可。

营养功效

燕麦含有蛋白质、淀粉、叶酸、维生素B_1、维生素E等成分，有益肝和胃、降血糖、养颜护肤、润肠通便的功效。

山楂银耳一搭配
开胃又润肺

山楂银耳豆浆

◉ 原料 *Ingredients* •

山楂……20克　　水发银耳……50克　　水发黄豆……55克

◉ 做法 *Directions* •

1 洗好的山楂切去两端，去核切小块；洗好的银耳放入碗中，用手撕成小块。
2 已浸泡8小时的黄豆装碗，加水洗净，倒入滤网，沥干水分，倒入豆浆机中。
3 再放入山楂、银耳，注水至水位线。
4 盖上豆浆机机头，选择“五谷”程序，再选择“开始”键，待豆浆机运转约15分钟（“嘀嘀”声响起）后，即成豆浆。

营养功效

银耳含有氨基酸、维生素D、肝糖原、膳食纤维、钙、磷、钾、硒等成分，具有补脾开胃、益气清肠、滋阴润肺等功效。

莴笋与黄瓜
补水的明星组合

莴笋黄瓜豆浆

◉ 原料 *Ingredients*

莴笋……50克　　水发黄豆……55克
黄瓜……60克

◉ 做法 *Directions*

1 洗净去皮的黄瓜、莴笋均切滚刀块。
2 将莴笋、黄瓜倒入豆浆机中，倒入洗好的黄豆，注水至水位线。
3 盖上豆浆机机头，选择“五谷”程序，再选择“五谷”程序，再选择“开始”键，开始打浆。
4 待豆浆机运转约15分钟（“嘀嘀”声响起）后，滤取豆浆即可。

营养功效

黄瓜含有蛋白质、糖类、维生素等营养成分，具有清热利水、解毒消肿、生津止渴等功效，适宜夏季食用。

马蹄西红柿豆浆

别小看圆圆的马蹄和西红柿
秋季饮用开胃又润肺

◉ 原料 *Ingredients* •

西红柿……40克
马蹄肉……40克
水发黄豆……50克

◉ 调料 *Condiments* •

冰糖……适量

◉ 做法 *Directions* •

1 将洗净的西红柿切丁；洗净的马蹄肉切小块。
2 将已浸泡8小时的黄豆装碗，注水洗净，沥干水。
3 将备好的冰糖、马蹄、西红柿、黄豆倒入豆浆机中，注水至水位线，盖上豆浆机机头。
4 选择“开始”键，待豆浆机运转约15分钟（“嘀嘀”声响起）后，把煮好的豆浆倒入滤网，滤取豆浆，撇去浮沫即可。

营养功效

西红柿含有胡萝卜素、B族维生素、维生素C、钙、钾、铁等成分，具有健胃消食、生津止渴、清热解毒等功效。

喝菊花绿豆浆
做个菊花般秀丽淡雅的女子

菊花绿豆浆

原料 Ingredients

水发绿豆……60克　　干白菊……10克

做法 Directions

1 将已浸泡4小时的绿豆倒入碗中，注水洗净，倒入滤网，沥干水分。

2 将备好的干白菊、绿豆倒入豆浆机中，注入适量水至水位线。

3 盖上豆浆机机头，选择“五谷”程序，再选择“开始”键，待豆浆机运转约15分钟（“嘀嘀”声响起）后，将豆浆机断电。

4 把煮好的豆浆倒入滤网，滤取豆浆即可饮用。

营养功效

白菊含有菊酮、龙脑、腺嘌呤、胆碱、水苏碱等特殊成分，具有疏风、清热、明目、解毒等功效。

冬季喝豆浆，温补驱寒

在儿时的记忆中，冬天最大的乐趣就是雪，虽然没有春天的鸟语花香、没有夏天的闪电雷鸣、没有秋天的丰硕果实，但是冬天就是独一无二的存在。可是，冬天也有恼人的地方，那就是严酷的寒冷总是让人离不开被窝。这个时候，还好有一杯暖暖的热豆浆，它就像冬天的一把火，熊熊火焰温暖了心窝。

学会了这道豆浆
再也不用蹭朋友家的美食了

核桃黑芝麻豆浆

◉ 原料 *Ingredients* •

水发黄豆……50克
核桃仁……15克
黑芝麻……15克

◉ 调料 *Condiments* •

白糖……10克

◉ 做法 *Directions* •

1 将已浸泡8小时的黄豆倒入碗中，加水洗净，倒入滤网，沥干水分。
2 把洗好的黄豆、黑芝麻、核桃仁倒入豆浆机中，注水至水位线，盖上豆浆机机头。
3 选择“五谷”程序，再选择“开始”键，待豆浆机运转约15分钟（“嘀嘀”声响起）。
4 把煮好的豆浆倒入滤网，滤取豆浆，再倒入杯中，加入白糖，拌匀，捞去浮沫即可。

营养功效

黑芝麻含有脂肪、蛋白质、糖类、维生素A、维生素E、钙等营养成分，具有补肝肾、润五脏、祛风湿、清虚火等功效。

红枣杏仁豆浆

红枣杏仁各有千秋
信手拈来营养多多

◉ 原料 *Ingredients*

杏仁……15克
红枣……10克
水发黄豆……45克

◉ 做法 *Directions*

1 洗净的红枣切开去核，再切小块。
2 把备好的杏仁、红枣倒入豆浆机中，倒入洗好的黄豆，注水至水位线，盖上豆浆机机头。
3 选择“五谷”程序，再选择“开始”键，待豆浆机运转约15分钟（“嘀嘀”声响起）后，把煮好的豆浆倒入滤网。
4 滤取豆浆，再倒入碗中，撇去浮沫即可。

营养功效

红枣营养丰富，有“天然维生素丸”的美誉，具有滋阴补阳、益气补血的功效。

口感香浓
温补驱寒之经典

温补杏松豆浆

原料 *Ingredients*

杏仁……20克　　松仁……20克
水发黄豆……60克

做法 *Directions*

1 将杏仁、松仁倒入豆浆机中，放入泡好的黄豆，加水至水位线，再盖上豆浆机机头。
2 选择“五谷”程序，再选择“开始”键，开始打浆。
3 待豆浆机运转约15分钟（“嘀嘀”声响起）后，将豆浆机断电，取下机头。
4 把煮好的豆浆倒入滤网，将滤好的豆浆倒入碗中，用汤匙撇去浮沫即可。

营养功效

松子中富含不饱和脂肪酸，能够有效促进生长发育，有强身益寿、增强免疫力的作用，适合冬季进补。

魅力源泉来自健康肌肤
用杏仁豆浆给肌肤最好的滋润

温补杏仁豆浆

◉ 原料 *Ingredients* •

水发黄豆……55克

杏仁……20克

◉ 做法 *Directions* •

1 将已浸泡8小时的黄豆倒入碗中，放入杏仁，加水洗净，倒入滤网，沥干水分。

2 把洗好的食材倒入豆浆机中，注水至水位线即可。

3 盖上豆浆机机头，选择“五谷”程序，再选择“开始”键，待豆浆机运转约15分钟（“嘀嘀”声响起）。

4 把煮好的豆浆倒入滤网，滤取豆浆，再倒入碗中，捞去浮沫即可。

营养功效

杏仁富含蛋白质、脂肪、糖类、维生素、钙、磷、铁等，在冬季食用可强身健体、化痰止咳、润肠通便。

冬季赖床的早晨
暖暖的豆浆补充热量

枸杞小米豆浆

◉ 原料 *Ingredients* •

枸杞……20克　　水发小米……30克
水发黄豆……40克

◉ 做法 *Directions* •

1 将已浸泡8小时的黄豆装碗，再放入已浸泡4小时的小米，加水洗净，沥干水分。
2 将洗好的枸杞、黄豆、小米倒入豆浆机中，注水至水位线，再盖上豆浆机机头。
3 选择“五谷”程序，再选择“开始”键，待豆浆机运转约15分钟（“嘀嘀”声响起）后，取下机头。
4 把煮好的豆浆倒入滤网，滤取豆浆，捞去浮沫即可。

营养功效

枸杞含有胡萝卜素、维生素、亚油酸、铁、钾、锌、钙等成分，具有滋补肝肾、益精明目、增强免疫力等功效。

黑豆红枣枸杞豆浆

想要不寡淡的黑豆浆
加点儿红枣和枸杞吧

◉ 原料 *Ingredients* •

黑豆……50克
红枣……15克
枸杞……20克

◉ 做法 *Directions* •

1 洗净的红枣切开，去核，切成小块；把已浸泡6小时的黑豆倒入碗中，注水洗净，沥干。
2 将黑豆、枸杞、红枣倒入豆浆机中，注水至水位线。
3 盖上豆浆机机头，选择“五谷”程序，再选择“开始”键，待豆浆机运转约15分钟（“嘀嘀”声响起）。
4 把煮好的豆浆倒入滤网，滤取豆浆，再倒入杯中即可。

营养功效

黑豆含有蛋白质、维生素、矿物质等营养成分，具有补肾益脾、祛痰治喘、排毒养颜、补血安神等功效。

人气党参入豆浆
平凡豆浆瞬间变得“高大上”

党参豆浆

原料 *Ingredients*

水发黄豆……40克　红枣肉……5克
党参……3克

调料 *Condiments*

白糖……适量

做法 *Directions*

1 将已浸泡8小时的黄豆倒入碗中，注水洗净，倒入滤网，沥干水分。
2 将备好的黄豆、党参、红枣倒入豆浆机中，注水至水位线，盖上豆浆机机头。
3 选择“五谷”程序，再选择“开始”键，待豆浆机运转约15分钟（“嘀嘀”声响起）后，把煮好的豆浆倒入滤网。
4 滤取豆浆，倒入碗中，加入白糖拌匀即可。

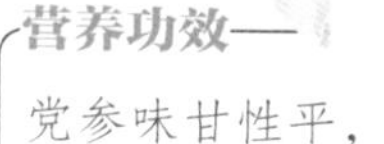

营养功效

党参味甘性平，有补中益气、生津养血等诸多功效，是冬季温补的主要药材之一。

姜汁黑豆豆浆

冬季豆浆加点姜
驱寒保暖更有效

◉ 原料 *Ingredients*

姜汁……30毫升
水发黑豆……45克

◉ 做法 *Directions*

1 把姜汁倒入豆浆机中，倒入洗净的黑豆，注水至水位线，再盖上豆浆机机头。
2 选择“五谷”程序，再选择“开始”键，开始打浆，待豆浆机运转约15分钟（“嘀嘀”声响起）后，即成豆浆。
3 把煮好的豆浆倒入滤网，滤取豆浆。
4 再倒入碗中，撇去浮沫即可饮用。

营养功效

黑豆含有蛋白质、胡萝卜素、维生素B_1、钙、磷、铁、钾等营养成分，具有补肾强身、明目健脾、乌发黑发等功效。

山珍海味千般好
不及山药南瓜家常味

山药南瓜豆浆

◉ 原料 *Ingredients* •

山药……30克　　南瓜……30克
水发黄豆……50克　　燕麦……10克
小米……10克　　大米……10克

◉ 做法 *Directions* •

1 洗净去皮的南瓜切块；洗好去皮的山药切丁。
2 将已浸泡8小时的黄豆装碗，放入燕麦、小米、大米，注水洗净，沥干水。
3 将山药、南瓜倒入豆浆机中，放入洗净的食材，注水至水位线，盖上豆浆机机头，开始打浆。
4 待豆浆机运转约20分钟（“嘀嘀”声响起）后，滤取豆浆，倒入杯中即可。

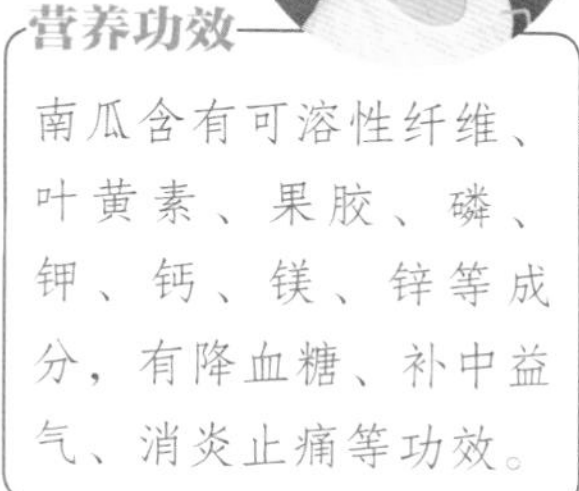

营养功效

南瓜含有可溶性纤维、叶黄素、果胶、磷、钾、钙、镁、锌等成分，有降血糖、补中益气、消炎止痛等功效。

第四章

亲爱的，你的营养，私人定制

民间自古就有『一杯鲜豆浆，天天保健康』的说法！
不过，也常有人发出『豆浆与牛奶谁更有营养』
『怎么做出更加符合营养需求的豆浆』
『这款豆浆适合我么』等许多疑问。
那么，不同人群的豆浆，到底怎么喝才更健康呢？
听到这里，你肯定会说，喝个豆浆哪有这么多讲究，
不就是五谷杂粮混合，听着吓唬人而已。
豆浆也有它的个性，不同的豆浆对不同的人有不同功效，
它的漂亮外观更有治愈你和家人的心情的神奇功效。

本章精心挑选了数十款营养美味的豆浆，
它们是全家的营养来源和健康保证，
同时也是维系亲情的一条纽带。
在家时，陪同父母，领着爱人，与最爱的孩子一同习作，
也不失为一种轻松自在、自娱自乐的生活方式。

给孩子的营养豆浆

电视里关于孩子的节目越来越多，像是“爸爸去哪了”“虎妈猫爸”等等。但是这些娱乐节目都反映出一个问题，那就是家长对于孩子的爱护和教育。家长总是希望给孩子最好的，这里当然少不了营养又美味的食物。希望孩子漂亮、聪明、健康，那么，试试用这些健康美味的豆浆来好好呵护他们吧！

玉米苹果香喷喷
宝贝吃了身体棒

玉米苹果豆浆

◉ 原料 *Ingredients* •

玉米粒……20克
苹果……45克
水发黄豆……60克

◉ 做法 *Directions* •

1 洗净的苹果切开，去核，再把果肉切成小块，待用。
2 将已浸泡8小时的黄豆倒入碗中，加水搓洗干净，沥干水分。
3 把洗好的黄豆倒入豆浆机中，倒入玉米粒、苹果，注水至水位线即可。
4 盖上豆浆机机头，选择“五谷”程序，再选择“开始”键，开始打浆，待豆浆机运转约15分钟（“嘀嘀”声响起）后，滤取豆浆即可。

营养功效

苹果含有多糖、果胶、酒石酸、苹果酸、铜、锌、钾等成分，有增强记忆力、润肺除烦、健脾益胃等功效。

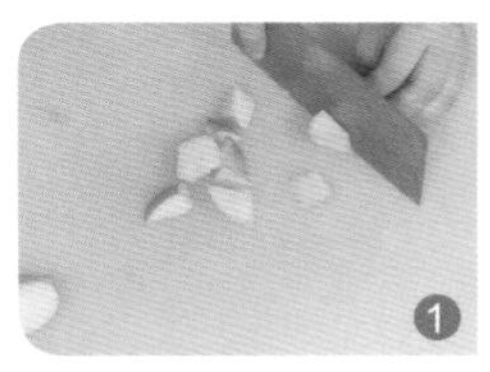
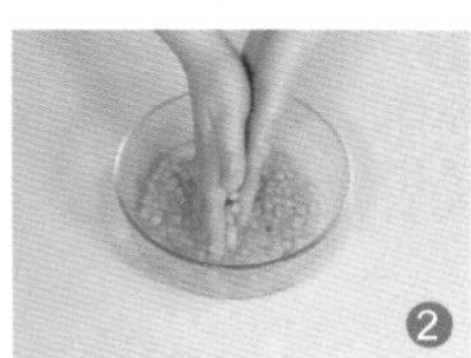

白菜豆浆新花样
不怕宝贝不吃菜

白菜果汁豆浆

◉ 原料 *Ingredients*

白菜……60克　　水发黑豆……50克
柠檬片……少许　　枸杞……少许

◉ 做法 *Directions*

1 将洗净的白菜切成小块，备用。
2 取豆浆机，放入备好的柠檬片、枸杞、黑豆、白菜，倒水至水位线即可。
3 盖上豆浆机机头，选择“五谷”程序，再选择“开始”键，待豆浆机运转约30分钟（“嘀嘀”声响起）后，即成豆浆，断电后取下豆浆机机头。
4 把豆浆倒入滤网中，滤取豆浆即可。

营养功效

白菜含有B族维生素、维生素C、钙、铁、磷、锌等营养成分，具有增强抵抗力、除烦解渴、利尿通便等功效。

豌豆做豆浆
美味更营养

黑米豌豆豆浆

◉ 原料 *Ingredients* •

水发黄豆……40克　　　豌豆……10克
黑米……10克

◉ 做法 *Directions* •

1 将已浸泡8小时的黄豆倒入碗中，放入豌豆、黑米，注水搓洗干净，沥干水分。
2 将洗净的食材倒入豆浆机中，注水至水位线即可。
3 盖上豆浆机机头，选择“五谷”程序，再选择“开始”键，开始打浆。
4 待豆浆机运转约20分钟（“嘀嘀”声响起）后，滤取豆浆，再倒入备好的杯中即可。

营养功效

豌豆含有蛋白质、纤维素、维生素C、镁等成分，具有增强免疫力、益中气、解热毒、通肠胃等功效。

妈妈的一小步
孩子健康发育一大步

黑豆芝麻豆浆

◉ 原料 *Ingredients* •

水发黑豆……110克
水发花生米……100克
黑芝麻……20克

◉ 调料 *Condiments* •

白糖……20克

◉ 做法 *Directions* •

1 取榨汁机，注入适量清水，放入洗净的黑豆，搅拌成细末状，滤取豆汁。
2 取榨汁机，倒入黑芝麻、花生米、豆汁，搅拌成糊状，即成生豆浆。
3 汤锅置旺火上，倒入生豆浆，大火煮约5分钟后至沸。
4 揭盖，撒上白糖拌匀，续煮至白糖完全溶化即成。

营养功效

芝麻具有养血的功效，常食可以使皮肤细腻光滑；花生果实中钙含量很高，多食可以促进人体的生长发育。

让宝贝更聪明健康
牛奶芝麻给你补充能量

牛奶芝麻豆浆

◉ 原料 *Ingredients* •

水发黄豆……60克　　黑芝麻……10克
牛奶……80毫升

◉ 做法 *Directions* •

1 将已浸泡8小时的黄豆倒入碗中，加水搓洗干净，沥干水分。
2 把黄豆、芝麻、牛奶倒入豆浆机中，注水至水位线。
3 盖上豆浆机机头，选择“五谷”程序，再选择“开始”键，开始打浆。
4 待豆浆机运转约15分钟（“嘀嘀”声响起）后，滤取豆浆即可。

牛奶含有多种氨基酸及维生素A、B族维生素、钙、磷、铁等成分，有促进大脑发育、补虚健脾等多种功效。

牛奶花生核桃豆浆

花生牛奶玩出新花样
自己动手其实很简单

◉ 原料 *Ingredients*

花生米……15克
核桃仁……8克
牛奶……20毫升
水发黄豆……50克

◉ 做法 *Directions*

1 将已浸泡8小时的黄豆倒入碗中，放入花生，注水搓洗干净，沥干水分。
2 将花生米、黄豆、核桃仁、牛奶倒入豆浆机中，注水至水位线，再盖上豆浆机机头。
3 选择“五谷”程序，再选择“开始”键，开始打浆。
4 待豆浆机运转约15分钟（“嘀嘀”声响起）后，滤取豆浆即可。

营养功效

核桃含有蛋白质、胡萝卜素、维生素B_1、钙、磷、铁等成分，具有益智健脑、降低胆固醇含量、缓解疲劳等功效。

核桃变着花样吃
宝贝越吃越聪明

核桃仁黑豆浆

◉ 原料 Ingredients •

水发黑豆……100克
核桃仁……40克

◉ 调料 Condiments •

白糖……5克

◉ 做法 Directions •

1 取榨汁机，倒入黑豆、矿泉水，榨出汁水；用隔渣袋滤去豆渣，将豆汁装入碗中。
2 取榨汁机，选择搅拌刀座组合，倒入豆汁、核桃仁搅拌片刻，至核桃仁变成细末，即成生豆浆。
3 砂锅中倒入生豆浆，烧热，盖上盖，再用大火煮约5分钟至沸腾。
4 揭盖，加入白糖搅拌匀，续煮至白糖溶化即成。

营养功效

核桃仁中含有蛋白质、亚油酸、亚麻酸、磷、钙、维生素等成分，不仅是健脑食材，还是神经衰弱的治疗剂。

给老爸的营养豆浆

“时光时光慢些吧，不要再让你再变老了，我愿用我一切换你岁月长留，一生要强的爸爸，我能为你做些什么，微不足道的关心收下吧”，筷子兄弟的《父亲》唱出了多少儿女的心声，引来了多少眼泪。对于年华不再的父亲，我们能做的很多，比如说见面时的一个拥抱，比如说再见时的一次又一次挥手，又比如说一碗碗饱含情意的健康豆浆。

浪漫紫色和温热豆香的融合
谱写出属于老爸的不老神话

紫薯牛奶豆浆

◉ 原料 *Ingredients* •

紫薯……30克
水发黄豆……50克
牛奶……200毫升

◉ 做法 *Directions* •

1 洗净的紫薯切成滚刀块，装入盘中。
2 把紫薯放入豆浆机中，倒入牛奶、已浸泡8小时的黄豆，注入适量清水至水位线。
3 盖上豆浆机机头，选择“五谷”程序，再选择“开始”键，开始打浆。
4 待豆浆机运转约15分钟（“嘀嘀”声响起）后，把煮好的豆浆倒入滤网，滤取豆浆即可。

营养功效

牛奶具有促进骨骼和牙齿发育、改善新陈代谢、安神助眠的功效；黄豆富含蛋白质及多种微量元素，可预防高血压、增强免疫力。

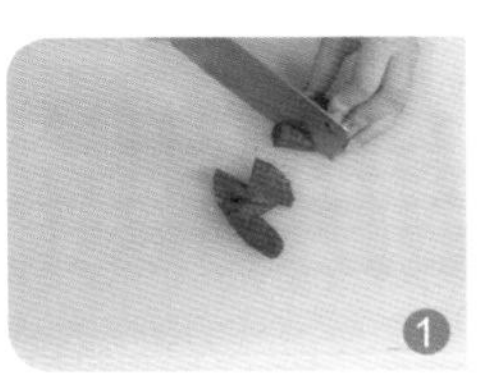

香芋做豆浆
浓浓的芋头香

香芋燕麦豆浆

◉ 原料 *Ingredients* •

芋头……140克　　燕麦片……40克
水发黄豆……40克

◉ 做法 *Directions* •

1 洗净去皮的芋头切片，再切小块。
2 将已泡8小时的黄豆倒入碗中，加入清水搓洗干净，沥干水分。
3 把黄豆、燕麦片、芋头倒入豆浆机中，注水至水位线即可。
4 待豆浆机运转约15分钟（“嘀嘀”声响起）后，滤取豆浆即可。

营养功效

芋头含有蛋白质、烟酸、维生素、钙、磷、铁等营养成分，具有增强免疫力、补气益肾等功效。

银耳配山楂
轻松做出保肝豆浆

银耳山楂保肝豆浆

◉ 原料 *Ingredients* •

水发黄豆……60克　　鲜山楂……25克
水发银耳……50克

◉ 调料 *Condiments* •

冰糖……10克

◉ 做法 *Directions* •

1 洗好的山楂切去头尾，去核，将果肉切成小块，装入盘中，待用。
2 将已浸泡8小时的黄豆倒入碗中，注水搓洗干净。
3 把山楂倒入豆浆机中，放入黄豆、银耳、冰糖、清水，开始打浆。
4 待豆浆机运转约15分钟（“嘀嘀”声响起）后，滤取豆浆即可。

营养功效

银耳营养丰富，能起保肝作用，对老年慢性支气管炎、肺源性心脏病有一定辅助治疗功效。

黑豆糯米豆浆

爱美是人的天性
想要乌发美容的老爸也不例外

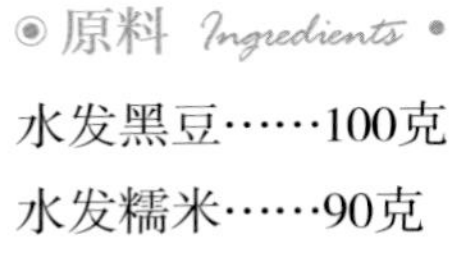

◉ 原料 *Ingredients* •

水发黑豆……100克
水发糯米……90克

◉ 调料 *Condiments* •

白糖……少许

◉ 做法 *Directions* •

1 取准备好的豆浆机，倒入泡好的黑豆和糯米，注水至水位线即可。
2 盖上豆浆机机头，选择“五谷”程序，再选择“开始”键。
3 待其运转约20分钟（“嘀嘀”声响起）后,断电后取下机头，倒出煮好的豆浆，滤入碗中。
4 加入少许白糖，拌匀即可。

营养功效

糯米为温补强壮食品，含有蛋白质、淀粉、维生素、烟酸、钙、磷、铁等成分，可补中益气、健脾养胃。

小小一杯营养全
乌须黑发功效佳

黑豆三香豆浆

◉ 原料 *Ingredients* •

花生米……30克　核桃仁……20克　黑芝麻……20克
水发黑豆……60克　水发黄豆……60克

◉ 做法 *Directions* •

1 将已浸泡8小时的黄豆倒入碗中，加入备好的黑豆、花生米、核桃仁、黑芝麻，倒水搓洗干净。
2 把洗好的材料倒入豆浆机中，注水至水位线即可。
3 盖上豆浆机机头，选择“五谷”程序，再选择“开始”键，开始打浆。
4 待豆浆机运转约20分钟（“嘀嘀”声响起）后，滤取豆浆即可。

营养功效

花生米含有蛋白质、糖类、钙、磷、铁等营养成分，具有养血平肝、增强记忆力、降低胆固醇含量等功效。

为不爱吃梨的老爸们
量身打造一碗补水又下火的豆浆

黑豆雪梨大米豆浆

◉ 原料 *Ingredients* •

水发黑豆……100克　　雪梨块……120克　　水发大米……100克

◉ 做法 *Directions* •

1 将浸泡8小时的黑豆、浸泡4小时的大米倒入碗中，注水搓洗干净，沥干水分。

2 将备好的雪梨、黑豆、大米倒入豆浆机中，注水至水位线即可。

3 盖上豆浆机机头，选择“五谷”程序，再选择“开始”键，开始打浆。

4 待豆浆机运转约20分钟（“嘀嘀”声响起）后，滤取豆浆即可。

营养功效

雪梨含有蛋白质、葡萄糖、苹果酸、维生素、钙、磷、铁等成分，具有养心润肺、生津止渴、祛脂降压、养颜护肤等功效。

千万别小看这杯豆浆
是时候让你见识“黑色系”魔法了

黑芝麻黑枣豆浆

◉ 原料 *Ingredients* •

黑枣……8克　　黑芝麻……10克
水发黑豆……50克

◉ 做法 *Directions* •

1 将洗净的黑枣切开，去核，切成小块，备用。
2 将已浸泡8小时的黑豆倒入碗中，注水搓洗干净，沥干水分。
3 将备好的黑枣、黑芝麻、黑豆倒入豆浆机中，注水至水位线，盖上豆浆机机头。
4 待豆浆机运转约20分钟（“嘀嘀”声响起）后，滤取豆浆即可。

营养功效

黑枣含有维生素C、钾、膳食纤维、果胶、黄色素等营养成分，具有保护视力、降血压、降血脂等功效。

黑米核桃黄豆浆

顺手磨出营养豆浆
品味清闲悠然生活

◉ 原料 *Ingredients*

黑米……20克
水发黄豆……50克
核桃仁……适量

◉ 做法 *Directions*

1 将黑米倒入碗中，放入已浸泡8小时的黄豆，注水搓洗干净，沥干水分。
2 把洗净的食材倒入豆浆机中，放入核桃仁，注水至水位线，盖上豆浆机机头。
3 选择“五谷”程序，再选择“开始”键，开始打浆。
4 待豆浆机运转约20分钟（“嘀嘀”声响起）后，滤取豆浆即可。

营养功效

黑米含有蛋白质、碳水化合物、B族维生素、维生素E、钙等成分，有滋阴补肾、健脾暖肝、补益脾胃、益气活血的功效。

三黑的香滑融和在一起
口感显得厚重浓郁

三黑豆浆

原料 *Ingredients*

黑芝麻……20克　　黑米……15克
花生米……15克　　水发黑豆……40克

做法 *Directions*

1 将已浸泡8小时的黑豆倒入碗中，放入黑米，注水搓洗干净，沥干水分。

2 将备好的花生米、黑芝麻、黑豆、黑米倒入豆浆机中，注水至水位线即可。

3 选择“五谷”程序，再选择“开始”键。

4 待豆浆机运转约20分钟（“嘀嘀”声响起）后，滤取豆浆即可。

营养功效

花生米含有蛋白质、亚油酸、维生素B_6、维生素E、锌、钙等成分，具有促进骨骼发育、降低胆固醇等功效。

给老妈的营养豆浆

“慈母手中线，游子身上衣。临行密密缝，意恐迟迟归。谁言寸草心，报得三春晖！”这是唐代诗人孟郊的诗句，是一首母爱的颂歌。其实，深挚的母爱是一样的，它无时无刻不沐浴着天下的儿女们。而儿女对妈妈的爱，也就蕴含在日常的一句问候，抑或是融于一杯温热的豆浆之中。

瘦身美容的传统饮品
给老妈最好的礼物

黄瓜玫瑰豆浆

◉ 原料 *Ingredients* •

黄瓜……30克
水发黄豆……50克
燕麦……20克
玫瑰花……少许

◉ 做法 *Directions* •

1 洗净去皮的黄瓜切成块，备用。
2 将已浸泡8小时的黄豆倒入碗中，注水搓洗干净，沥干水分。
3 将备好的黄豆、黄瓜、玫瑰花、燕麦倒入豆浆机中，注水至水位线即可。
4 盖上豆浆机机头，选择“五谷”程序，再选择“开始”键，开始打浆，待豆浆机运转约15分钟（“嘀嘀”声响起）后，滤取豆浆即可。

营养功效

黄瓜含有蛋白质、糖类、维生素等营养成分，具有清热除湿、降血脂、镇痛、促消化等功效。

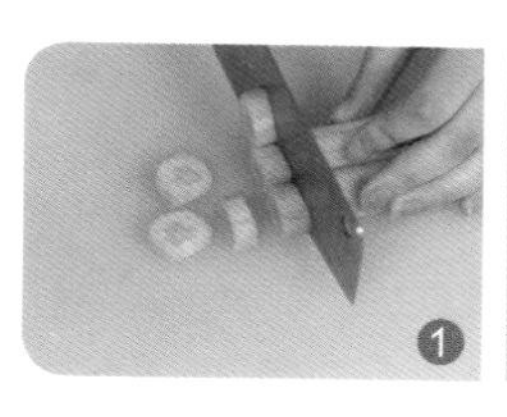
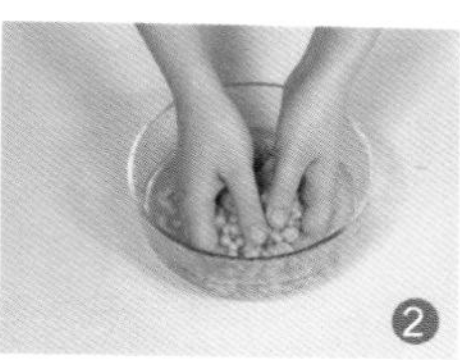

香气优雅迷人
入口甘柔不腻

玫瑰花黑豆活血豆浆

◉ 原料 *Ingredients* •

玫瑰花……5克　水发黄豆……40克　水发黑豆……40克

◉ 做法 *Directions* •

1 将已浸泡8小时的黑豆、黄豆倒入碗中，注水搓洗干净，沥干水分。
2 把洗净的食材倒入豆浆机中，放入玫瑰花，注水至水位线即可。
3 盖上豆浆机机头，选择“五谷”程序，开始打浆。
4 待豆浆机运转约15分钟（“嘀嘀”声响起）后，取下机头，倒入碗中，用汤匙撇去浮沫即可。

营养功效

黑豆含有蛋白质、不饱和脂肪酸、钙、磷、铁、钾等营养成分，具有降血脂、活血利水、美容养颜等功效。

想要好气色
那就来杯桂圆山药豆浆

桂圆山药豆浆

◉ 原料 *Ingredients* •

桂圆肉……20克　山药丁……10克
水发黄豆……60克

◉ 调料 *Condiments* •

冰糖……50克

◉ 做法 *Directions* •

1 将浸泡8小时的黄豆倒入碗中，加水洗净，沥干水分。

2 把黄豆、桂圆肉、山药丁、冰糖倒入豆浆机中，注入适量清水，至水位线即可。

3 盖上豆浆机机头，选择“五谷”程序，再选择“开始”键，开始打浆。

4 待豆浆机运转约15分钟（“嘀嘀”声响起）后，滤取豆浆即可饮用。

营养功效

山药含有淀粉酶、多酚氧化酶等物质，有利于脾胃消化吸收功能，还有益肺气、养肺阴、滋肾益精等功效。

红豆是个宝
制成豆浆更美妙

桂圆红豆豆浆

◉ 原料 *Ingredients* •

水发红豆……50克
桂圆肉……30克

营养功效

红豆含有蛋白质、维生素A、B族维生素、维生素C、铜等营养成分，具有清热解毒、健脾益胃、调节血糖等功效。

◉ 做法 *Directions* •

1 将已浸泡6小时的红豆倒入碗中，加水搓洗干净，沥干水分。

2 把洗好的红豆、桂圆肉倒入豆浆机中，注水至水位线即可。

3 盖上豆浆机机头，选择“五谷”程序，再选择“开始”键，开始打浆。

4 待豆浆机运转约15分钟（“嘀嘀”声响起）后，把煮好的豆浆倒出，用汤匙撇去浮沫即可。

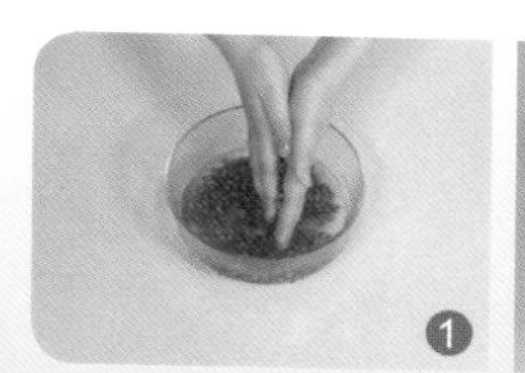

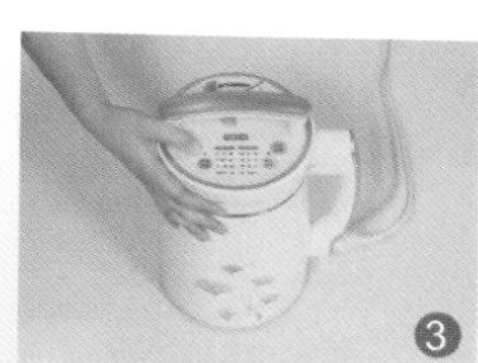

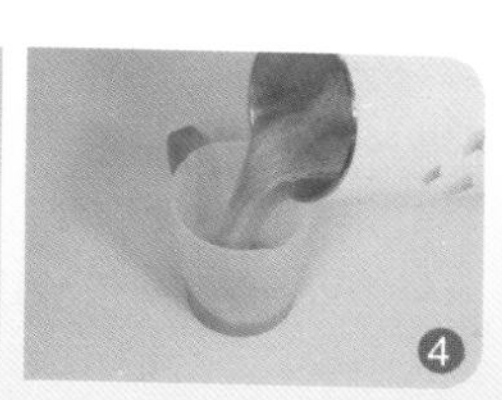

木耳黑豆浆

木耳加黑豆
养血又驻颜

◉ 原料 *Ingredients*

水发木耳……8克
水发黑豆……50克

◉ 做法 *Directions*

1 将已浸泡8小时的黑豆倒入碗中，注水搓洗干净，沥干水分。
2 将洗好的黑豆、木耳倒入豆浆机中，注入适量清水至水位线，再盖上豆浆机机头。
3 选择“五谷”程序，再选择“开始”键，开始打浆。
4 待豆浆机运转约15分钟（“嘀嘀”声响起）后，滤取豆浆即可。

营养功效

黑木耳含有蛋白质、多糖、维生素、钙、磷、铁等营养成分，具有益气、润肺、凉血、止血、强志、养颜等功效。

淡淡的绿色
春天的味道

山药青黄豆浆

◉ 原料 *Ingredients* •

山药块……50克
豌豆……30克
水发黄豆……55克

◉ 调料 *Condiments* •

冰糖……适量

◉ 做法 *Directions* •

1 将洗净的豌豆倒入碗中，放入已浸泡8小时的黄豆，加水搓洗干净。
2 沥干水分，倒入豆浆机中，放入山药、冰糖，注水至水位线，再盖上豆浆机机头。
3 选择“五谷”程序，再选择“开始”键，开始打浆。
4 待豆浆机运转约15分钟（“嘀嘀”声响起）后，滤取豆浆即可。

营养功效

豌豆含有蛋白质、膳食纤维、胡萝卜素、B族维生素等成分，有生津止渴、促进消化、增强免疫力的功效。

党参红枣豆浆

补气养血之佳品
孝敬老妈之首选

◉ 原料 *Ingredients* •

水发黄豆……55克
红枣……15克
党参……10克

◉ 做法 *Directions* •

1 洗好的红枣切开，去核，把果肉切成小块。

2 将已浸泡8小时的黄豆倒入碗中，加水搓洗干净，沥干水分。

3 把备好的黄豆、红枣、党参倒入豆浆机中，注入适量清水至水位线，再盖上豆浆机机头。

4 待豆浆机运转约20分钟（“嘀嘀”声响起）后，即成豆浆。

营养功效

党参含有生物碱、皂苷、蛋白质、B族维生素等成分，具有补中益气、健脾益肺、养血生津等功效。

一日三枣
红颜不老

核桃红枣抗衰豆浆

◉ 原料 *Ingredients* •

红枣……15克　　核桃仁……15克

南瓜……50克　　水发小麦……40克

◉ 做法 *Directions* •

1 洗净去皮的南瓜切条，再切成小块；洗好的红枣切开，去核，再切成小块。

2 把洗好的小麦倒入豆浆机中，放入备好的核桃仁、红枣、南瓜，注水至水位线即可。

3 盖上豆浆机机头，选择“五谷”程序，再选择“开始”键，开始打浆。

4 待豆浆机运转约20分钟（“嘀嘀”声响起）后，滤取豆浆即可。

营养功效

南瓜含有膳食纤维、淀粉、磷、铁及多种维生素、氨基酸，具有补中益气、增强免疫力、滋养皮肤等功效。

给老公的营养豆浆

“你若安好，便是晴天。”中国一代才女林徽因曾写下这样的句子，夫妻之间的相处就该是这样的。两个人同撑起一方天空，风也罢，雨也罢，每一刻都是如此的美好。作为女性，不能单单只去索取，更要懂得善待关心自己的老公，为他定制属于他的豆浆，那么，等到风景看透，才能有这样一个人陪你细水长流。

平时一杯好豆浆
愿他从此便不难

紫薯黄豆豆浆

◉ 原料 *Ingredients* •

水发黄豆……120克
山药……95克
紫薯……90克

◉ 调料 *Condiments* •

白糖……适量

◉ 做法 *Directions* •

1 将洗净去皮的紫薯、山药切成丁。
2 取榨汁机，倒入黄豆，注水，搅拌至黄豆成细末状，滤取豆汁。
3 砂锅中注水烧热，倒入山药、紫薯，煮沸后用小火煮约10分钟，注入豆汁搅拌均匀，用中火煮约1分钟至汁水沸腾。
4 加入适量白糖，续煮至糖分溶化即成。

营养功效

黄豆含有蛋白质、铁、镁、锌、天门冬氨酸、卵磷脂、等营养物质，对高血压、高血脂等病症有一定的食疗作用。

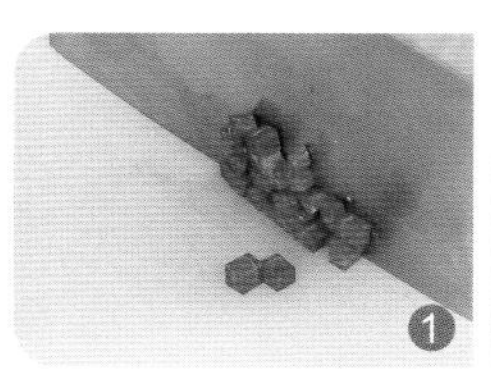

健脑松仁喜来到
小松鼠也疯狂

松仁黑豆豆浆

◉ 原料 *Ingredients* •

松仁……20克　　水发黑豆……55克

◉ 做法 *Directions* •

1 把洗好的松仁倒入豆浆机中，倒入洗净的黑豆，注入适量清水至水位线即可。

2 盖上豆浆机机头，选择“五谷”程序，再选择“开始”键，开始打浆。

3 待豆浆机运转约15分钟（“嘀嘀”声响起）后，即成豆浆。

4 将豆浆机断电，取下机头，把煮好的豆浆倒入滤网，滤取豆浆即可。

营养功效

黑豆含有蛋白质、不饱和脂肪酸、叶酸、钙、磷、铁、钾等成分，具有补血安神、明目、健脾、补肾等功效。

乌发养颜豆浆
温暖又体贴

黑芝麻黑豆浆

◉ 原料 *Ingredients* •

黑芝麻……30克　　水发黑豆……45克

◉ 做法 *Directions* •

1 把洗好的黑芝麻倒入豆浆机中，倒入洗净的黑豆，注入适量清水，至水位线即可。

2 盖上豆浆机机头，选择“五谷”程序，再选择“开始”键，开始打浆。

3 待豆浆机运转约15分钟（“嘀嘀”声响起）后，即成豆浆。

4 将豆浆机断电，取下机头，把煮好的豆浆倒入滤网，滤取豆浆即可。

营养功效

黑芝麻含有维生素A、维生素E、卵磷脂、钙、铁、铬等营养成分，具有补肝肾、利五脏、益精血、润肠燥等功效。

腰果小米豆浆

腰果个虽小
滋味却美好

◉ 原料 *Ingredients*

水发黄豆……60克
小米……35克
腰果……20克

◉ 做法 *Directions*

1 将已浸泡8小时的黄豆倒入碗中，放入小米，加水搓洗干净，沥干水分。
2 把洗好的材料倒入豆浆机中，放入腰果，注水至水位线，再盖上豆浆机机头。
3 选择“五谷”程序，再选择“开始”键，开始打浆。
4 待豆浆机运转约20分钟（“嘀嘀”声响起）后，滤取豆浆即可。

营养功效

腰果含有蛋白质、碳水化合物及多种维生素、微量元素，具有强身健体、提高机体免疫力、增进食欲等功效。

秋风起，板栗香
拿个板栗磨成浆

栗子燕麦豆浆

◉ 原料 *Ingredients* •

水发黄豆……50克
板栗肉……20克
水发燕麦……30克

◉ 调料 *Condiments* •

白糖……适量

◉ 做法 *Directions* •

1 洗净的板栗切成小块，装入碗中，待用。
2 放入已浸泡8小时的黄豆，加水搓洗干净，沥干水分。
3 把黄豆、浸泡4小时的燕麦、板栗倒入豆浆机中，注入适量清水，开始打浆。
4 待豆浆机运转约15分钟（“嘀嘀”声响起）后，倒入杯中，用汤匙捞去浮沫，加白糖调味即可饮用。

营养功效

板栗含有蛋白质、不饱和脂肪酸、钾、镁、铁、锌、锰等成分，具有益气补脾、保护肠胃、强筋健骨等功效。

黑米配小米
为健康加分

黑米小米豆浆

◉ 原料 *Ingredients* •

水发黑米……20克　　水发小米……20克
水发黄豆……45克

◉ 做法 *Directions* •

1 将已浸泡8小时的黄豆、小米、黑米倒入碗中，加水搓洗干净，沥干水分。
2 把洗好的黄豆、黑米、小米倒入豆浆机中，注入适量清水，至水位线，再盖上豆浆机机头。
3 选择“五谷”程序，再选择“开始”键，开始打浆。
4 待豆浆机运转约20分钟（“嘀嘀”声响起）后，滤取豆浆即可。

营养功效

黑米含有粗蛋白、粗脂肪、碳水化合物、锰、锌、铜等营养成分，具有滋阴补肾、健脾暖胃、养肝明目等功效。

看起来黑漆漆的
可是喝起来味道很不错

燕麦黑芝麻豆浆

◉ 原料 *Ingredients* •

燕麦……20克　　黑芝麻……20克
水发黄豆……50克

◉ 做法 *Directions* •

1 将燕麦、已浸泡8小时的黄豆倒入碗中，加水搓洗干净，沥干水分。
2 把黑芝麻倒入豆浆机中，再放入燕麦、黄豆，注水至水位线，盖上豆浆机机头。
3 选择“五谷”程序，再选择“开始”键，开始打浆。
4 待豆浆机运转约15分钟（“嘀嘀”声响起）后，滤取豆浆即可。

营养功效

燕麦含有维生素B_1、泛酸、磷、钾、铁、铜等营养成分，具有增强免疫力、益肝和胃、补肾等功效。

黑豆花生豆浆

花生虽平凡
磨成豆浆却见另一种美

◉ 原料 *Ingredients* •

花生仁……25克
枸杞……10克
水发黑豆……50克

◉ 做法 *Directions* •

1 把已浸泡8小时的黑豆放入豆浆机中，倒入花生仁、枸杞，注入适量清水，至水位线即可。
2 盖上豆浆机机头，选择“五谷”程序，再选择“开始”键，开始打浆。
3 待豆浆机运转约20分钟（“嘀嘀”声响起）后，即成豆浆，将豆浆机断电。
4 将滤好的豆浆倒入碗中，用汤匙撇去浮沫即可。

营养功效

花生含有蛋白质、不饱和脂肪酸、维生素E、维生素K、铁等成分，有抗衰养颜、促进大脑发育、降低胆固醇的功效。

第一黄金主食
磨成豆浆更不得了

玉米小麦豆浆

◉ 原料 *Ingredients* •

玉米粒……100克　　小麦……50克
水发黄豆……50克

◉ 调料 *Condiments* •

白糖……20克

◉ 做法 *Directions* •

1 把洗净的玉米、小麦、黄豆倒入豆浆机中，注入适量清水，至水位线即可。
2 盖上豆浆机机头，选择“五谷”程序，再选择“开始”键，开始打浆。
3 待豆浆机运转约15分钟（“嘀嘀”声响起）后，即成豆浆。
4 将豆浆盛入碗中，加入白糖搅拌至溶化即可。

营养功效

小麦含有淀粉、蛋白质、脂肪、矿物质、钙、铁、硫胺素等成分，具有养心安神、除烦助眠等功效。

给老婆的营养豆浆

一直欣赏这样的爱情：没有太多的惊天动地，有的只是细水长流，总感觉这样才有“执子之手，与子偕老”的感觉。当你伤心的时候，有人为你抚平伤痛，告诉你明天依旧灿烂；当你渴了的时候，他会微笑着递上一杯简单的豆浆，虽不像咖啡、奶茶那样浪漫、时尚，但是却满满地都是真诚的心意，相信这是天下间所有女子都值得拥有的了。

有困意却总睡不着
豆浆助你早入眠

高粱小米抗衰豆浆

◉ 原料 *Ingredients* •

高粱米……25克
小米……30克
水发黄豆……45克

◉ 调料 *Condiments* •

冰糖……适量

◉ 做法 *Directions* •

1 将已浸泡8小时的黄豆倒入碗中，放入小米、高粱，加水搓洗干净，沥干水分。
2 把洗好的材料倒入豆浆机中，加入冰糖，注入适量清水，至水位线即可。
3 盖上豆浆机机头，选择“五谷”程序，再选择“开始”键，开始打浆。
4 待豆浆机运转约20分钟（“嘀嘀”声响起）后，滤取豆浆即可。

营养功效

小米含有蛋白质、B族维生素、纤维素、钙、钾等营养成分，具有健脾和胃、补益虚损、和中益肾、安神助眠等功效。

1

2

3

4

冬秋热喝，夏季凉喝
香醇妙不可言

大麦红枣抗过敏豆浆

◉ 原料 *Ingredients* •

水发黄豆……60克　　大麦……40克
红枣……12克

◉ 做法 *Directions* •

1 洗净的红枣切开，去核，再切成小块，备用。
2 将洗净的黄豆倒入豆浆机中，倒入大麦、红枣，注入适量清水，至水位线即可。
3 盖上豆浆机机头，选择“五谷”程序，再选择“开始”键，开始打浆。
4 待豆浆机运转约20分钟（“嘀嘀”声响起）后，滤取豆浆即可。

营养功效

大麦含有蛋白质、淀粉、不饱和脂肪酸及多种维生素、矿物质，具有益气宽中、消渴除热、健脾养胃等功效。

大红枣，红彤彤
女性养颜好帮手

红枣山药枸杞豆浆

◉ 原料 *Ingredients* •

红薯……80克　　山药……60克　　枸杞……少许
水发黄豆……50克　　红枣……10克

◉ 做法 *Directions* •

1 洗净去皮的红薯、山药切片，切小块；洗净的红枣切开，去核。
2 取豆浆机，倒入红薯、山药、枸杞、红枣、黄豆，注入适量清水至水位线即可。
3 盖上豆浆机机头，选择“五谷”程序，开始打浆。
4 待豆浆机运转约40分钟（“嘀嘀”声响起）后，滤取豆浆即可。

营养功效

红薯含有膳食纤维、维生素、钾、铁、钙等营养成分，具有增强免疫力、润肠通便、瘦身排毒等功效。

银耳红豆红枣豆浆

一把红豆，一把红枣
简简单单磨出养颜好浆

◉ 原料 *Ingredients* •

水发银耳……45克
水发红豆……50克
红枣……8克

◉ 调料 *Condiments* •

白糖……少许

◉ 做法 *Directions* •

1 洗净的银耳切小块；洗好的红枣切开，去核切小块。
2 将已浸泡6小时的红豆倒入碗中，加入适量清水，搓洗干净，沥干水分。
3 把洗好的红豆倒入豆浆机中，放入红枣、银耳、白糖，注水至水位线，盖上豆浆机机头。
4 待豆浆机运转约15分钟（“嘀嘀”声响起）后，滤取豆浆即可。

营养功效

银耳含有蛋白质、膳食纤维、钙、铁、钾等成分，具有补脾开胃、益气清肠、滋阴润肺、美容养颜等功效。

木瓜炖银耳，经典的甜品
一起磨成浆，滋味也很妙

木瓜银耳豆浆

◉ 原料 Ingredients •

水发花生米……85克
水发黄豆……100克
水发银耳……110克
红枣……30克
木瓜……160克

◉ 调料 Condiments •

冰糖……少许

◉ 做法 Directions •

1 洗净的红枣去核，切小块；洗净的木瓜取瓜肉，切小丁块；洗净的银耳切小朵。
2 取豆浆机，放入银耳、红枣、花生米，加入已浸泡8小时的黄豆，注水，待豆浆机运转约15分钟（“嘀嘀”声响起）后，即成银耳豆浆。
3 汤锅中倒入银耳豆浆，放入少许冰糖，倒入木瓜。
4 盖上盖，烧开后用小火煮约5分钟即成。

营养功效

银耳含有维生素D、海藻糖、钙、磷、铁、钾等营养成分，具有补脑提神、美容嫩肤、延缓衰老等功效。

玫瑰浪漫，红豆甜美
爱美的你一定不能错过

玫瑰红豆豆浆

◉ 原料 *Ingredients*

玫瑰花……5克
水发红豆……45克

◉ 做法 *Directions*

1 将已浸泡6小时的红豆倒入碗中，注水搓洗干净，沥干水分。
2 把洗净的红豆倒入豆浆机中，倒入洗好的玫瑰花，注水至水位线即可。
3 盖上豆浆机机头，选择“五谷”程序，再选择“开始”键，开始打浆。
4 待豆浆机运转约15分钟（“嘀嘀”声响起）后，滤取豆浆即可。

营养功效

红豆含有蛋白质、B族维生素、钾、钙、镁、铁、铜等营养成分，具有清热解毒、健脾益胃、益气补血、通气除烦等功效。

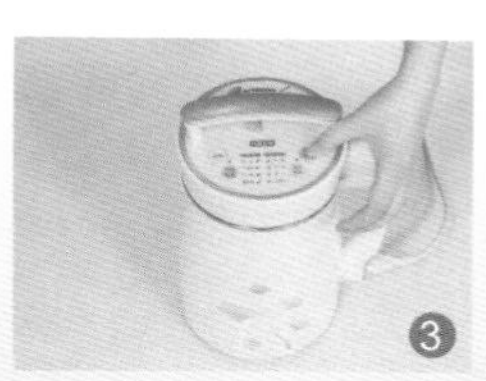

花生三色豆浆

色彩丰富品种多
吃出健康好气色

◉ 原料 *Ingredients*

水发黑豆……25克
水发花生米……25克
水发红豆……25克
水发黄豆……25克

◉ 做法 *Directions*

1 取豆浆机，放入已浸泡8小时的黑豆、黄豆、红豆和已浸泡4小时的花生。
2 倒入适量的纯净水，至水位线即可。
3 盖上豆浆机机头，选择“五谷”程序，再选择“开始”键，开始打浆。
4 把煮好的豆浆倒入碗中即可。

营养功效

黑豆含有蛋白质及多种维生素、微量元素，有益脾补肾、美容养颜的功效。此外，女性常食还有助于保养卵巢。

亦蔬亦果
美容怎能缺黄瓜

黄瓜蜂蜜豆浆

◉ 原料 *Ingredients* •

黄瓜……40克
水发黄豆……50克

◉ 调料 *Condiments* •

蜂蜜……适量

◉ 做法 *Directions* •

1 洗净的黄瓜切滚刀块。
2 将黄瓜、已浸泡8小时的黄豆倒入豆浆机中，注入适量清水，至水位线即可。
3 盖上豆浆机机头，选择“五谷”程序，再选择“开始”键，开始打浆。
4 待豆浆机运转约15分钟（“嘀嘀”声响起）后，滤取豆浆，倒入杯中，加入少许蜂蜜拌匀即可。

营养功效

黄瓜含有蛋白质、糖类、维生素、磷、铁等营养成分，具有美容除湿、止渴清热等功效。

桂圆红豆去水肿
快速养成小V脸

养颜桂圆红豆浆

◉ 原料 *Ingredients* •

桂圆肉……20克　　水发红豆……100克　　水发花生……20克

◉ 做法 *Directions* •

1 把水发红豆放入豆浆机中，倒入水发花生，加入处理好的桂圆肉，注入适量清水，至水位线即可。
2 盖上豆浆机机头，选择“五谷”程序，再选择“开始”键。
3 待豆浆机运转约20分钟（“嘀嘀”声响起）后，即成豆浆。
4 将豆浆机断电，取下机头，把煮好的豆浆倒入杯中即可。

营养功效

桂圆含有蛋白质、葡萄糖、蔗糖、铁、钾及多种维生素，具有益气补血、延缓衰老、降血脂等功效。

青青“猪尾巴”，龙须出嫩芽
用其磨豆浆，清淡又美味

芦笋绿豆浆

◉ 原料 *Ingredients* •

芦笋……20克
水发绿豆……45克

◉ 做法 *Directions* •

1 洗净的芦笋切小段，备用。
2 将已浸泡6小时的绿豆倒入碗中，加水洗净，倒入豆浆机中，放入芦笋、清水。
3 盖上豆浆机机头，选择“五谷”程序，再选择“开始”键，开始打浆。
4 待豆浆机运转约15分钟（“嘀嘀”声响起）后，即可饮用。

营养功效

绿豆含有蛋白质、膳食纤维、胡萝卜素、钙、铁、磷等营养成分，具有增强免疫力、清热解毒、降血脂等功效。

第五章

身体小毛病真恼人，豆浆帮你一扫光

我们都听说过『病从口入』，
但是你知道么，美食亦可成良药。
季节变换，女生们很容易手脚冰凉，全身发冷；
夜半三更，还在床上『烙煎饼』，无法入眠；
脸上还会时不时冒出几颗小痘痘；
一到季节变换的时候就咳嗽得厉害……
这个时候，我们大可不必花大把的钞票打针吃药，
因为身体的不适，也可用豆浆来调理！
一杯热气腾腾的豆浆看似不起眼，
却能发挥潜在的价值。
比如枸杞豆浆不仅能补血养颜、润肺止咳，
还能改善肝肾阴亏，真可谓小食材高价值。
本章针对生活中常见的身体小毛病，
对豆浆做了一个细致科学的分类，总有一款能帮到你！

降三高 养生豆浆

如今，街谈巷议最多的一个健康话题就是“富贵病”，也就是“三高”，即高血压、高血脂和高血糖。随着快节奏的生活，再加上不规律的生活作息，如抽烟、饮酒、喝咖啡、喝浓茶……过重的身体负担极易引发“三高”。想要和这种状况说再见，除了加强锻炼，保持不让身体发胖外，还可以通过简单的豆浆从内而外地改善身体状况。

枸杞——这个塞上“红宝”
融入豆浆便成绝味

枸杞豆浆

◉ 原料 *Ingredients*

水发黄豆……120克
枸杞……少许

◉ 调料 *Condiments*

白糖……适量

◉ 做法 *Directions*

1 取备好的豆浆机，倒入已浸泡8小时的黄豆，加入适量清水。
2 放入枸杞，撒上适量白糖。
3 盖上豆浆机机头，选择“五谷”程序，再选择“开始”键，待其运转约15分钟（“嘀嘀”声响起）后，断电，取下机头。
4 将煮好的豆浆装入碗中即可。

营养功效

枸杞含有胡萝卜素、枸杞多糖、甜菜碱、维生素C、钙、铁等成分，具有养肝滋肾、抗衰老、降低血糖等功效。

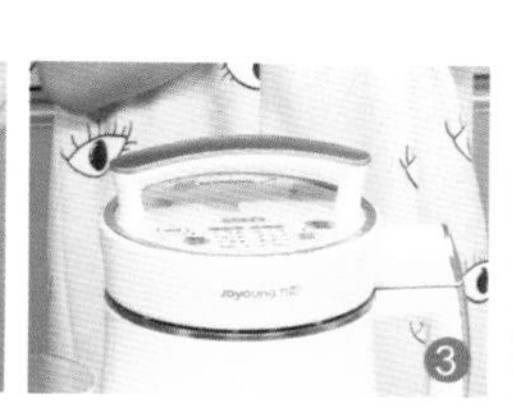

玉米与红豆并举
成就健康保护神

玉米红豆豆浆

◉ 原料 *Ingredients* •

玉米粒……30克　水发黄豆……50克　水发红豆……40克

◉ 做法 *Directions* •

1 将已浸泡8小时的黄豆倒入碗中，再放入已浸泡6小时的红豆，加水洗净，沥干水分。

2 把洗好的材料倒入豆浆机中，放入玉米粒，注水至水位线，盖上豆浆机机头。

3 选择“五谷”程序，再选择“开始”键，待豆浆机运转约20分钟（“嘀嘀”声响起）后，即成豆浆。

4 把煮好的豆浆倒入滤网，滤取豆浆，倒入杯中，撇去浮沫即可。

营养功效

玉米含有蛋白质、亚油酸、膳食纤维、钙、磷等营养成分，具有促进大脑发育、降血脂、降血压、软化血管等功效。

木耳本是降压物
磨成豆浆更滋养

木耳黑米豆浆

◉ 原料 *Ingredients* •

水发木耳……8克　　水发黄豆……50克
水发黑米……30克

◉ 做法 *Directions* •

1 将已浸泡8小时的黄豆、已浸泡4小时的黑米倒入碗中，注水洗净，倒入滤网，沥干水。
2 将洗好的木耳、黄豆、黑米倒入豆浆机中，注水至水位线，再盖上豆浆机机头。
3 选择“五谷”程序，再选择“开始”键，待豆浆机运转约20分钟（“嘀嘀”声响起）后，将豆浆机断电。
4 把煮好的豆浆倒入滤网，滤取豆浆，倒入杯中即可。

营养功效

黑米含有蛋白质、B族维生素、维生素E、钙、磷等营养成分，具有清除自由基、增强免疫力等功效。

芦笋豆浆

用贵族蔬菜
过精致生活

◉ 原料 *Ingredients* •

芦笋……30克

水发黄豆……50克

◉ 做法 *Directions* •

1 洗净的芦笋切小段，备用。

2 将已浸泡8小时的黄豆倒入碗中，加水洗净，倒入滤网，沥干水分。

3 把洗好的黄豆和芦笋倒入豆浆机中，注水至水位线。

4 选择“五谷”程序，再选择“开始”键，待豆浆机运转约15分钟（“嘀嘀”声响起）后，即成豆浆。

营养功效

芦笋极具保健价值，含有多种矿物元素，对高血压病有较好的防治作用。经常食用芦笋还有助于减肥降脂。

芦笋与山药磨成浆
一“青”二白好美味

芦笋山药豆浆

◉ 原料 *Ingredients* •

芦笋……25克　　山药……35克
水发黄豆……45克

◉ 做法 *Directions* •

1 芦笋洗净切小段；洗净去皮的山药切丁。
2 将已浸泡8小时的黄豆装碗，加水洗净，沥干水。
3 把备好的芦笋、山药、黄豆倒入豆浆机中，注水，盖上豆浆机机头。
4 选择“五谷”程序，再选择“开始”键，待豆浆机运转约15分钟（“嘀嘀”声响起）后，滤取豆浆，撇去浮沫即可。

营养功效

山药中含有的黏液蛋白、维生素及微量元素，能有效阻止脂质在血管壁的沉淀，可预防心脑血管疾病、降低血脂。

在你身体不适的时候
这杯豆浆就是你的开心果

开心果豆浆

◉ 原料 *Ingredients*

枸杞……10克
开心果……8克
水发黄豆……50克

◉ 调料 *Condiments*

白糖……适量

◉ 做法 *Directions*

1 将已浸泡8小时的黄豆倒入碗中，加水洗净，倒入滤网，沥干水。
2 将黄豆倒入豆浆机中，放入洗好的枸杞、开心果。
3 加入适量白糖、清水，盖上豆浆机机头，开始打浆。
4 待豆浆机运转约15分钟（“嘀嘀”声响起）后，把煮好的豆浆倒入滤网，滤取豆浆，倒入杯中，捞去浮沫即可。

营养功效

枸杞含有维生素C、胡萝卜素、甜菜碱、抗坏血酸、烟酸、亚油酸、钙、磷、铁等营养成分，具有增强免疫力、抗疲劳、降血压、明目祛风等功效。

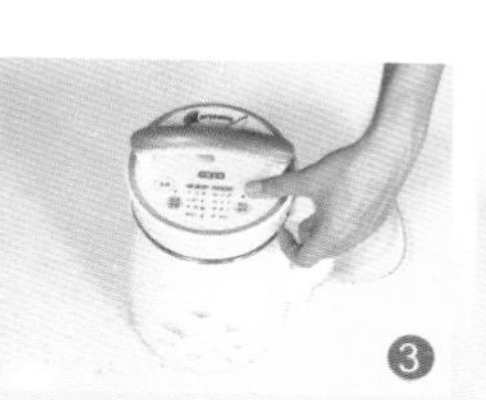

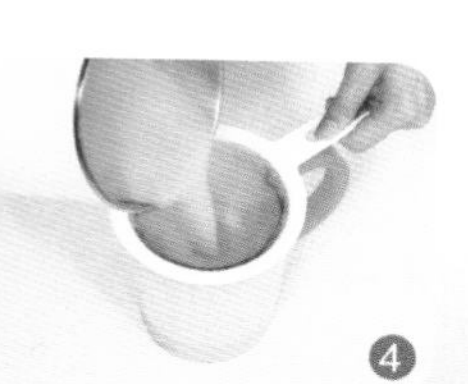

薏米荞麦红豆浆

红豆甜，荞麦香
简单搭配，用心巧

◉ 原料 *Ingredients* •

水发薏米……30克
水发荞麦……35克
水发红豆……50克

◉ 做法 *Directions* •

1 将已浸泡4小时的荞麦倒入碗中，再放入已浸泡6小时的薏米、红豆，加水搓洗干净，沥干水分。
2 把洗好的材料倒入豆浆机中，注入清水至水位线。
3 盖上豆浆机机头，选择“五谷”程序，再选择“开始”键，开始打浆。
4 待豆浆机运转约20分钟（“嘀嘀”声响起）后，把煮好的豆浆倒出即可。

营养功效

荞麦含有蛋白质、维生素、纤维素、镁、钙、锌、硒等营养成分，具有健胃、消积、止汗等功效。

喜欢柠檬黄黄的“外套”
更喜欢它释放出的酸酸味道

柠檬黄豆豆浆

◉ 原料 *Ingredients* •

水发黄豆……60克　　柠檬……30克

◉ 做法 *Directions* •

1 将已浸泡8小时的黄豆倒入碗中，注水洗净，沥水。
2 将备好的黄豆、柠檬倒入豆浆机中，注入适量清水至水位线。
3 盖上豆浆机机头，选择“五谷”程序，再选择“开始”键，待豆浆机运转约15分钟（“嘀嘀”声响起）后，即成豆浆。
4 把煮好的豆浆倒入滤网，滤取豆浆，再倒入备好的杯中即可。

营养功效

柠檬含有维生素C、糖类、维生素B_1、钙、磷、铁等营养成分，具有开胃消食、美白润肤、增强免疫力等功效。

养心安神

养生豆浆

好的睡眠，能让你记忆稳定、头脑清晰、精力充沛。而缺乏好睡眠，人不仅目光会显得十分呆滞，甚至会产生心慌、记忆力下降的症状。但是想要拥有好状态，光有想法也不行，必须要从饮食着手，具有养心安神作用的豆浆就可以轻松帮你忙。

山药配枸杞，虽简简单单
却有着大大的好处

山药枸杞豆浆

◉ 原料 *Ingredients* •

枸杞……15克

水发黄豆……60克

山药……45克

◉ 做法 *Directions* •

1 洗净的山药去皮，切片，再切成小块。

2 将已浸泡8小时的黄豆倒入碗中，加入适量清水搓洗干净，沥干水分。

3 把洗好的黄豆倒入豆浆机中，放入备好的枸杞、山药，注入清水至水位线即可。

4 盖上豆浆机机头，选择“五谷”程序，再选择“开始”键，开始打浆，待豆浆机运转约15分钟（“嘀嘀”声响起）后，滤取豆浆即可。

营养功效

枸杞含有蛋白质、酸浆红素、胡萝卜素及多种维生素、矿物质，具有滋肾、养心、补肝、明目等功效。

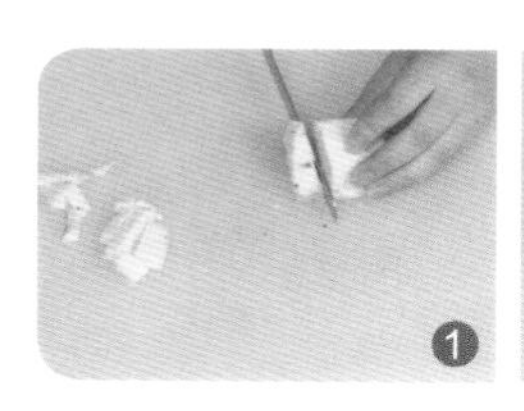

红薯山药助消化
让你吃得好，睡得香

红薯山药豆浆

◉ 原料 *Ingredients* •

红薯……30克	山药……30克
水发黄豆……50克	小麦……30克

◉ 做法 *Directions* •

1 洗净去皮的红薯、山药切滚刀块，备用。
2 将已浸泡8小时的黄豆倒入碗中，放入小麦，注水洗净，沥干水分。
3 将山药、红薯、黄豆、小麦倒入豆浆机中，注入适量清水，开始打浆。
4 待豆浆机运转约20分钟（“嘀嘀”声响起）后，滤取豆浆即可。

营养功效

山药含有蛋白质、维生素、纤维素、淀粉酶、多酚氧化酶等营养成分，具有滋肾益精、健脾益胃、助消化等功效。

睡不着的时候
喝一碗甜中带苦味的安神豆浆

安眠桂圆豆浆

◉ 原料 *Ingredients* •

黄豆……60克　　桂圆肉……10克
百合……20克

◉ 调料 *Condiments* •

白糖……适量

◉ 做法 *Directions* •

1 将浸泡8小时的黄豆倒入碗中，加水洗净，沥干水分。
2 把洗净的黄豆、桂圆肉、百合放入豆浆机中，注入适量清水，至水位线，盖上豆浆机机头。
3 开始打浆，待豆浆机运转约15分钟（“嘀嘀”声响起）后，滤取豆浆。
4 将豆浆倒入碗中，放入适量白糖，搅拌均匀至其溶化即可。

营养功效

桂圆含有多种维生素、矿物质、蛋白质、果糖等成分，具有益气补血、安神定志、降血脂、缓解神经衰弱等功效。

茯苓豆浆

茯苓养心新吃法
磨成豆浆安心神

◉ 原料 *Ingredients* •

水发黄豆……60克
茯苓……5克

◉ 做法 *Directions* •

1 将已浸泡8小时的黄豆倒入碗中，注入适量清水搓洗干净，沥干水分。
2 将备好的黄豆、茯苓倒入豆浆机中，注入适量清水，至水位线，盖上豆浆机机头。
3 选择“五谷”程序，再选择“开始”键，开始打浆。
4 待豆浆机运转约15分钟（“嘀嘀”声响起）后，滤取豆浆即可。

营养功效

茯苓含有甲壳质、蛋白质、脂肪、甾醇、卵磷脂、葡萄糖、腺嘌呤等物质，有益脾和胃、宁心安神等功效。

"米中极品"磨成浆
味香微甜，黏而不腻

紫米豆浆

◉ 原料 *Ingredients* •

水发紫米……50克
水发黄豆……80克

◉ 调料 *Condiments* •

白糖……10克

◉ 做法 *Directions* •

1 把水发紫米倒入豆浆机中，放入泡好的黄豆，倒入白糖。
2 注入适量清水，至水位线即可。
3 盖上豆浆机机头，选择"五谷"程序，再选择"启动"键，开始打浆。
4 待豆浆机运转约15分钟（"嘀嘀"声响起）后，取下机头，盛入备好的碗中即可。

营养功效

紫米含有蛋白质、维生素E、钙、磷、钾、铁、锌等营养成分，具有增强免疫力、清除自由基、补铁补虚等功效。

美味加营养
玩味花样混搭风

核桃黑芝麻枸杞豆浆

◉ 原料 Ingredients •

枸杞……15克　　核桃仁……15克
黑芝麻……15克　　水发黄豆……50克

◉ 做法 Directions •

1 把洗好的枸杞、黑芝麻、核桃仁倒入豆浆机中。
2 倒入洗净的黄豆，注入适量清水，至水位线即可。
3 盖上豆浆机机头，选择“五谷”程序，再选择“开始”键，开始打浆。
4 待豆浆机运转约15分钟（“嘀嘀”声响起）后，滤取豆浆，倒入碗中，用汤匙撇去浮沫即可。

营养功效

核桃仁含有蛋白质、不饱和脂肪酸、维生素E、烟酸、铁等成分，有补肾固精、温肺定喘、增强免疫力等功效。

莲子宁心，百合除烦
双剑合璧，效果不一般

百合枣莲双黑豆浆

◉ 原料 *Ingredients* •

百合……15克　　莲子……10克
去核红枣……8克　　水发黑豆……50克
水发黑米……40克

◉ 做法 *Directions* •

1 将已浸泡8小时的黑豆倒入碗中，放入洗好的黑米、莲子、红枣，加水搓洗干净，沥干水分。
2 把洗好的食材倒入豆浆机中，放入洗好的百合，注水至水位线，盖上豆浆机机头。
3 选择“五谷”程序，再选择“开始”键，开始打浆。
4 待豆浆机运转约20分钟（“嘀嘀”声响起）后，滤取豆浆，即可饮用。

营养功效

红枣含有蛋白质、糖类、有机酸、维生素A、维生素C、钙等营养成分，具有补中益气、养血安神等功效。

百合银耳黑豆浆

银耳配百合
安神又助眠

◉ 原料 *Ingredients* •

水发黑豆……70克
水发银耳……30克
百合……8克

◉ 调料 *Condiments* •

白糖……适量

◉ 做法 *Directions* •

1 将已浸泡8小时的黑豆倒入碗中，加水搓洗干净；将泡发好的银耳掐去根部，撕成小块。
2 把备好的黑豆、银耳、百合倒入豆浆机中，注水至水位线，再盖上豆浆机机头。
3 待豆浆机运转约15分钟（“嘀嘀”声响起）后，滤取豆浆。
4 倒入碗中，放入白糖，搅拌均匀至其溶化即可。

营养功效

黑豆含有蛋白质、不饱和脂肪酸、维生素、钙、磷、铁、钾等成分，具有明目镇心、促进消化、增强免疫力等功效。

安神助眠
小麦糯米巧调理

安神麦米豆浆

◉ 原料 *Ingredients* •

水发小麦……20克　　水发黄豆……50克　　糯米……10克

◉ 做法 *Directions* •

1 将洗净的糯米倒入碗中，放入泡发好的小麦、黄豆，注水搓洗干净，沥干水分。

2 将洗净的食材倒入豆浆机中，注入适量清水，至水位线即可。

3 盖上豆浆机机头，选择“五谷”程序，再选择“开始”键，开始打浆。

4 待豆浆机运转约20分钟（“嘀嘀”声响起）后，取下机头，滤取豆浆，倒入碗中即可。

营养功效

小麦含有淀粉、蛋白质、B族维生素、钙、铁等营养成分，具有养心安神、补养肝气、增强免疫力等功效。

润肠排毒

养生豆浆

如果你吃得不多，体重却在“一路高歌”；如果你早早告别了青春期，脸上的小痘痘却依旧频繁光临，面对朋友们的调侃，只能苦笑我还年轻；如果你只加了一夜的班，脸色就十分暗淡，嘴角就开始溃疡，那么是时候清理你的肠道了，这些都是肠道被毒素困扰的结果。五谷杂粮如红薯、南瓜，水果如香蕉等都有润肠排毒效果，磨成豆浆效果更佳。

在杜康的手中高粱成为了美酒
在你的手中它便成为了香醇豆浆

助消化高粱豆浆

◉ 原料 Ingredients •

高粱米……10克　　陈皮……3克
水发黄豆……50克

◉ 做法 Directions •

1 将高粱米倒入碗中，放入已浸泡8小时的黄豆，注水搓洗干净，沥干水分。
2 将洗好的高粱米、黄豆、陈皮倒入豆浆机中，注入适量清水，至水位线即可。
3 盖上豆浆机机头，选择“五谷”程序，再选择“开始”键，开始打浆。
4 待豆浆机运转约20分钟（“嘀嘀”声响起）后，滤取豆浆即可。

营养功效

高粱含有蛋白质、B族维生素、膳食纤维、叶酸、钙、铁等营养成分，具有和胃、消积、温中等功效。

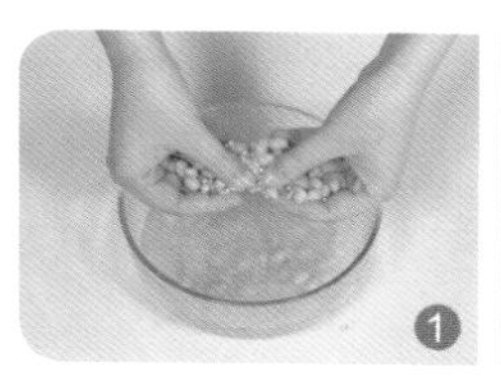

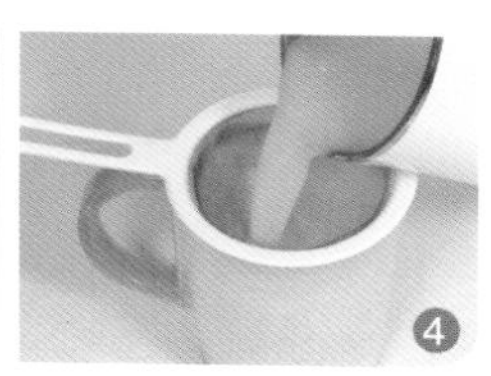

蚕豆黄豆豆浆

情系青黄豆
联通胃肠路

◉ 原料 *Ingredients*

水发黄豆……50克
水发蚕豆……50克

◉ 调料 *Condiments*

白糖……适量

◉ 做法 *Directions*

1 把洗净的蚕豆、黄豆倒入豆浆机中，注入适量清水，至水位线即可。
2 盖上豆浆机机头，选择“五谷”程序，再选择“开始”键，开始打浆。
3 待豆浆机运转约15分钟（“嘀嘀”声响起）后，即成豆浆。
4 将豆浆盛入碗中，加入少许白糖，拌至溶化即可。

营养功效

蚕豆中的粗纤维可促进肠道蠕动，帮助消化，但是蚕豆有引发过敏的风险，食用时需注意。

牛奶开心果豆浆

原料 Ingredients

牛奶……30毫升　　开心果仁……5克
水发黄豆……50克

做法 Directions

1 将已浸泡8小时的黄豆倒入碗中，注水搓洗干净，沥干水分。
2 将备好的黄豆、开心果仁、牛奶倒入豆浆机中，注入适量清水至水位线，盖上豆浆机机头。
3 选择“五谷”程序，再选择“开始”键，开始打浆。
4 待豆浆机运转约15分钟（“嘀嘀”声响起）后，滤取豆浆，倒入杯中即可。

营养功效

开心果含有蛋白质、维生素A、叶酸、烟酸、泛酸及多种矿物质，具有改善贫血、宁心安神、润肠通便等功效。

喝多了绿豆汤
不妨试试绿豆红薯豆浆

绿豆红薯豆浆

◉ 原料 *Ingredients* •

水发绿豆……50克　　红薯……40克

◉ 做法 *Directions* •

1 洗净去皮的红薯切成小方块，备用。
2 将已浸泡8小时的绿豆倒入碗中，加水搓洗干净，沥干水分。
3 把洗好的绿豆倒入豆浆机中，放入红薯，注入适量清水，至水位线即可。
4 盖上豆浆机机头，待豆浆机运转约15分钟（“嘀嘀”声响起）后，滤取豆浆即可。

营养功效

红薯含有蛋白质、淀粉、果胶、纤维素、维生素、矿物质等成分，具有润肠通便、益气生津、瘦身排脂等功效。

这么别致的豆浆
一定要与好朋友分享

绿豆海带无花果豆浆

原料 *Ingredients*

水发海带……10克　　无花果……5克　　水发绿豆……50克

做法 *Directions*

1 将已浸泡4小时的绿豆倒入碗中，注水搓洗干净，沥干水分。

2 将备好的绿豆、海带、无花果倒入豆浆机中，注入适量清水，至水位线即可。

3 盖上豆浆机机头，选择“五谷”程序，再选择“开始”键，开始打浆。

4 待豆浆机运转约15分钟（“嘀嘀”声响起）后，滤取豆浆，倒入备好的杯中即可。

营养功效

海带含有不饱和脂肪酸、谷氨酸、天门冬氨酸、维生素B_1等成分，具有降血压、利尿消肿、增强免疫力等功效。

排毒养颜法宝
我的美丽我做主

绿豆南瓜排毒豆浆

◉ 原料 *Ingredients* •

南瓜……100克　　水发黄豆……50克
水发绿豆……40克

◉ 做法 *Directions* •

1 洗净去皮的南瓜切厚片，再切成小块，备用。
2 将已浸泡8小时的黄豆倒入碗中，放入已浸泡6小时的绿豆，加水搓洗干净，沥干水分。
3 把洗好的材料倒入豆浆机中，放入南瓜，注入适量清水，至水位线即可。
4 盖上豆浆机机头，待豆浆机运转约15分钟（“嘀嘀”声响起）后，滤取豆浆即可。

营养功效

南瓜含有可溶性纤维、叶黄素、磷、钾、钙、镁、锌等营养成分，具有清热解毒、降血糖、帮助消化等功效。

咕噜咕噜喝进去
肠胃通了，毒素没了

苹果香蕉豆浆

◉ 原料 *Ingredients* •

苹果……30克　　香蕉……20克　　水发黄豆……50克

◉ 做法 *Directions* •

1 洗净的苹果去核，切成小块；洗好的香蕉剥去皮，切成片。

2 将已浸泡8小时的黄豆倒入碗中，注水搓洗干净，沥干水分。

3 将备好的黄豆、苹果、香蕉倒入豆浆机中，注水，开始打浆。

4 待豆浆机运转约15分钟（“嘀嘀”声响起）后，滤取豆浆即可。

营养功效

香蕉含有蛋白质、维生素A、维生素C、钾等营养成分，具有帮助消化、增强免疫力、促进新陈代谢等功效。

胡萝卜豆浆

时尚排毒美饮
营养胡萝卜豆浆

◉ 原料 *Ingredients* •

胡萝卜……20克
水发黄豆……50克

◉ 做法 *Directions* •

1 洗净的胡萝卜切成滚刀块，备用。
2 将已浸泡8小时的黄豆倒入碗中，注水搓洗干净，沥干水分。
3 将备好的胡萝卜、黄豆倒入豆浆机中，加入适量清水至水位线，再盖上豆浆机机头。
4 待豆浆机运转约15分钟（“嘀嘀”声响起）后，滤取豆浆即可。

营养功效

胡萝卜含有蔗糖、葡萄糖、淀粉、胡萝卜素、钾、钙、磷等营养成分，具有助排毒、保护视力、延缓衰老等功效。

淡紫色的东方韵味
神秘的中国风饮品

紫薯南瓜豆浆

◉ 原料 *Ingredients* •

南瓜……20克　　紫薯……30克
水发黄豆……50克

◉ 做法 *Directions* •

1 洗净去皮的南瓜、紫薯切成丁。
2 已浸泡8小时的黄豆倒入碗中，注水搓洗干净，沥干水分。
3 将备好的黄豆、紫薯、南瓜倒入豆浆机中，加入适量清水至水位线即可。
4 盖上豆浆机机头，待豆浆机运转约15分钟（“嘀嘀”声响起）后，滤取豆浆即可。

营养功效

紫薯含有蛋白质、淀粉、果胶、纤维素、维生素等营养成分，具有增强免疫力、帮助消化、促进胃肠蠕动等功效。

补气养血

养生豆浆

很多女孩在花样的年纪都“未老先衰”，脸色暗黄，与漂亮失之交臂。其实，女生不在于漂亮不漂亮，关键在于气色好不好，气色好了，人也就白里透红了。市面上卖的女性保养品可以说是琳琅满目，养气色的也比较多，但是我们要想有好的气色，重要的是内调，不妨用一些具有补气养血的食材，如红豆、红枣等，磨成豆浆，双管齐下，调出好气色。

红豆百合好搭档
一起打造好气色

百合红豆豆浆

◉ 原料 *Ingredients*

百合……10克
水发红豆……60克

◉ 调料 *Condiments*

白糖……适量

◉ 做法 *Directions*

1 将已浸泡6小时的红豆倒入碗中，加水搓洗干净，沥干水分。
2 将备好的百合、红豆倒入豆浆机中，注入适量清水，至水位线即可。
3 盖上豆浆机机头，开始打浆，待豆浆机运转约15分钟（“嘀嘀”声响起）后，即成豆浆。
4 将豆浆机断电，滤取豆浆，倒入碗中，放入白糖搅拌至其溶化即可。

营养功效

红豆含有蛋白质、纤维素、烟酸、叶酸、维生素、磷、钾、镁等成分，具有健脾养胃、利水除湿、补血润肤等功效。

把芝麻加入豆浆中
让每一粒芝麻都为你的好气色加分

燕麦芝麻豆浆

◉ 原料 *Ingredients* •

燕麦……30克　　黑芝麻……30克　　水发黄豆……55克

◉ 做法 *Directions* •

1 将燕麦倒入碗中，放入已浸泡8小时的黄豆，加水搓洗干净，沥干水分。

2 洗好的材料倒入豆浆机中，放入黑芝麻，加入适量清水，至水位线即可。

3 盖上豆浆机机头，选择“五谷”程序，再选择“开始”键，开始打浆。

4 待豆浆机运转约20分钟（“嘀嘀”声响起）后，滤取豆浆即可。

营养功效

黑芝麻含有蛋白质、糖类、维生素A、维生素E、钙、铁等营养成分，具有补血、润发、养颜润肤等功效。

小吸一口，味儿酸酸
欢聚一刻，滋味甜甜

葡萄干柠檬豆浆

◉ 原料 *Ingredients* •

水发黄豆……50克　　葡萄干……25克
柠檬片……20克

◉ 做法 *Directions* •

1 将已浸泡8小时的黄豆倒入豆浆机中，放入备好的葡萄干、柠檬片，加入适量清水至水位线即可。

2 盖上豆浆机机头，选择“五谷”程序，再选择“开始”键，开始打浆。

3 待豆浆机运转约15分钟（“嘀嘀”声响起）后，即成豆浆。

4 将豆浆机断电，把煮好的豆浆倒入滤网，滤取豆浆，倒入杯中，用汤匙撇去浮沫即可。

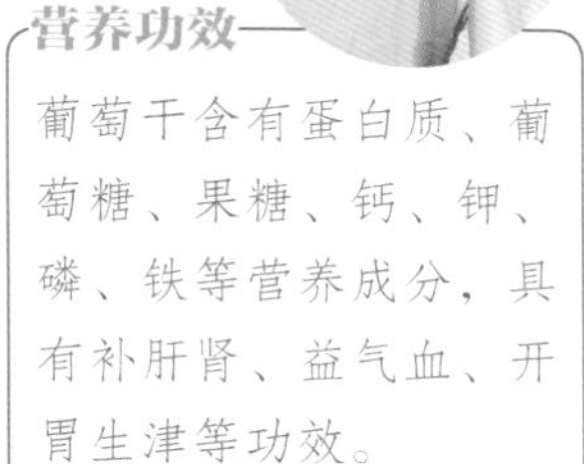

营养功效

葡萄干含有蛋白质、葡萄糖、果糖、钙、钾、磷、铁等营养成分，具有补肝肾、益气血、开胃生津等功效。

桂圆红枣豆浆

桂圆红枣好豆浆
气血双补女人浆

◉ 原料 *Ingredients* •

水发黄豆……65克
桂圆……30克
去核红枣……8克

◉ 调料 *Condiments* •

白糖……10克

◉ 做法 *Directions* •

1 将已浸泡8小时的黄豆倒入碗中，加水搓洗干净，沥干水分。
2 洗好的黄豆、红枣、桂圆倒入豆浆机中，入适量清水，至水位线即可。
3 盖上豆浆机机头，待豆浆机运转约15分钟（“嘀嘀”声响起）后，即成豆浆。
4 滤取豆浆，倒入杯中，加白糖拌匀，捞去浮沫即可。

营养功效

桂圆含有葡萄糖、蛋白质、维生素C、铁、维生素K等营养成分，具有补心脾、益气血、健脾胃、养肌肉等功效。

红枣、枸杞与黄豆
不“打”不知道

红枣枸杞豆浆

◉ 原料 Ingredients •

水发黄豆……50克　　红枣肉……5克　　枸杞……5克

◉ 做法 Directions •

1 将已浸泡8小时的黄豆倒入碗中，注入适量清水搓洗干净，沥干水分。

2 将备好的枸杞、红枣、黄豆倒入豆浆机中，注入适量清水，至水位线即可。

3 盖上豆浆机机头，选择“五谷”程序，再选择“开始”键，开始打浆。

4 待豆浆机运转约15分钟（“嘀嘀”声响起）后，滤取豆浆，倒入备好的杯中即可。

营养功效

枸杞含有甜菜碱、阿托品、胡萝卜素、叶黄素、铁等成分，具有补血、保护肝脏、清热明目等功效。

黑木耳与红枣的完美结合

补气与养血之经典

黑木耳红枣豆浆

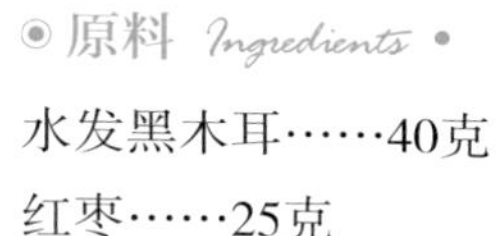

◉ 原料 *Ingredients* •

水发黑木耳……40克

红枣……25克

水发黄豆……50克

营养功效

红枣含有蛋白质、有机酸、维生素A、B族维生素、维生素C、钙等营养成分，具有益气补血、健脾和胃、安神助眠等功效。

◉ 做法 *Directions* •

1 洗净的红枣切开，去核，再切成小块，备用。

2 把红枣倒入豆浆机中，放入洗净的黄豆、黑木耳，注入适量清水至水位线即可。

3 盖上豆浆机机头，选择“五谷”程序，再选择“开始”键，开始打浆。

4 待豆浆机运转约15分钟（“嘀嘀”声响起）后，滤取豆浆即可。

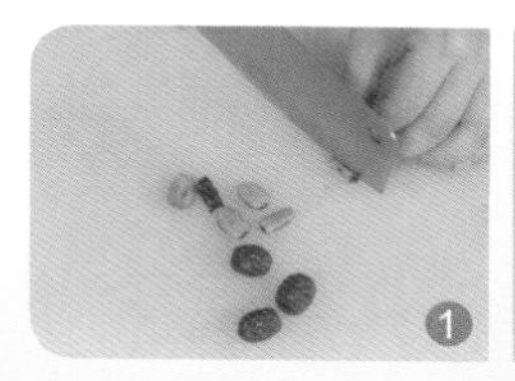

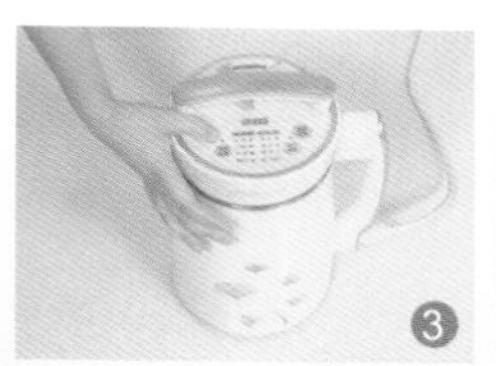

花生红枣豆浆

五谷杂粮加小枣
胜似灵芝草

◉ 原料 *Ingredients* •

水发黄豆……100克

水发花生米……120克

红枣……20克

◉ 调料 *Condiments* •

白糖……少许

◉ 做法 *Directions* •

1 洗净的红枣取果肉切小块。

2 取备好的豆浆机，倒入花生米、黄豆、红枣，撒上少许白糖，注入清水至水位线即可。

3 盖上豆浆机机头，选择“五谷”程序，再选择“开始”键，待其运转约15分钟（“嘀嘀”声响起）后，断电，取下机头。

4 倒出煮好的豆浆，装碗即成。

营养功效

花生含有蛋白质、不饱和脂肪酸、维生素A、维生素E、铁等成分，具有益气补血、增强记忆力、醒脾和胃等功效。

枸杞加蜂蜜
清香甜润浑然天成

枸杞蜜豆浆

◉ 原料 *Ingredients* •

水发黄豆……45克
枸杞……15克

◉ 调料 *Condiments* •

蜂蜜……少许

◉ 做法 *Directions* •

1 将已浸泡8小时的黄豆倒入碗中，加水搓洗干净，沥干水分。
2 把洗好的黄豆倒入豆浆机中，倒入枸杞，注入适量清水，至水位线即可。
3 盖上豆浆机机头，待豆浆机运转约15分钟（“嘀嘀”声响起）后，将豆浆机断电。
4 滤取豆浆，倒入碗中，倒入蜂蜜拌匀后即可饮用。

营养功效

黄豆含有蛋白质、大豆异黄酮、糖类、铜、铁、锌、碘、钼等成分，具有健脾、益气、宽中、润燥、消水等功效。

润肺止咳

养生豆浆

每次换季都容易咳嗽，这对于很多人来说是非常普遍的一个现象。虽然咳嗽不是什么大事儿，但是老咳嗽确实是一件不太愉快的事情。那么除了吃药、吃梨，还可以采取什么样的行动呢？其实，用一些具有润肺止咳功效的食材，比如白果、百合、雪梨磨成豆浆，效果也是顶呱呱的。

白果虽好
可不要贪吃哦

冰糖白果止咳豆浆

◉ 原料 *Ingredients* •

白果……10克
水发黄豆……50克

◉ 调料 *Condiments* •

冰糖……适量

◉ 做法 *Directions* •

1 将已浸泡8小时的黄豆倒入碗中，注水搓洗干净，沥干水分。
2 将白果、黄豆、冰糖倒入豆浆机中，注入适量清水，至水位线即可。
3 盖上豆浆机机头，选择“五谷”程序，再选择“开始”键，开始打浆。
4 待豆浆机运转约15分钟（“嘀嘀”声响起）后，滤取豆浆即可。

营养功效

白果含有核黄素、胡萝卜素、钙、磷、铁、硒、钾、镁等成分，具有排毒养颜、益智健脑、促进新陈代谢等功效。

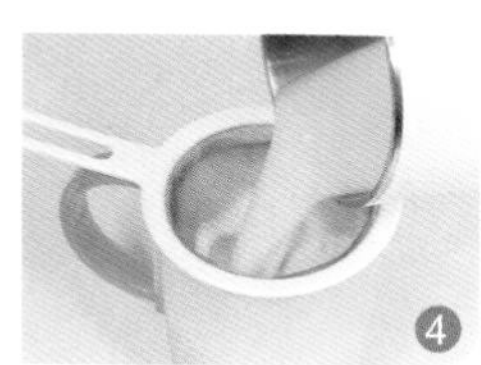

秋风起，金橘黄
润肺止咳正当时

金橘红豆浆

◉ 原料 *Ingredients* •

金橘块……20克　　水发红豆……50克

◉ 做法 *Directions* •

1 将已浸泡8小时的红豆倒入碗中，加水搓洗干净，沥干水分。

2 把黄豆和金橘块倒入豆浆机中，注入适量清水至水位线。

3 盖上豆浆机机头，选择“五谷”程序，再选择“开始”键，开始打浆。

4 待豆浆机运转约15分钟（“嘀嘀”声响起）后，滤取豆浆，用汤匙捞去浮沫即可饮用。

营养功效

金橘含有维生素C、糖类、锌等营养成分，具有生津止渴、行气解郁、增加皮肤光泽与弹性的功效。

一丝丝甜蜜的幽香
总能把你带到美妙的世界

桂花豆浆

◉ 原料 *Ingredients* •

水发黄豆……50克　　桂花……少许

◉ 做法 *Directions* •

1 取豆浆机，倒入洗净的桂花、黄豆，注入适量清水，至水位线即可。
2 盖上豆浆机机头，选择“五谷”程序，再选择“开始”键。
3 待豆浆机运转约20分钟（“嘀嘀”声响起）后，即成豆浆。
4 断电后取下机头，把豆浆倒入滤网中，滤取豆浆即可饮用。

营养功效

桂花中所含的芳香物质，能够稀释痰液，促进呼吸道痰液的排出，具有化痰、止咳、平喘的作用。

白萝卜豆浆

小小萝卜不简单
一马当先呵护肺

◉ 原料 *Ingredients*

水发黄豆……60克
白萝卜……50克

◉ 调料 *Condiments*

白糖……适量

◉ 做法 *Directions*

1 洗净去皮的白萝卜切条，改切成小块。
2 将已浸泡8小时的黄豆倒入碗中，加水搓洗干净，沥干水分。
3 将黄豆、白萝卜倒入豆浆机中，注水，待豆浆机运转约15分钟（“嘀嘀”声响起）后，即成豆浆。
4 把豆浆倒入碗中，放入白糖，拌至其溶化即可。

营养功效

白萝卜含有的维生素C能延缓皮肤的老化，阻止色斑的形成。此外，经常食用白萝卜可起到化痰止咳的作用。

黑白配
黑豆补肾，雪梨润肺

黑豆雪梨润肺豆浆

◉ 原料 *Ingredients*

黑豆……50克
雪梨……65克

◉ 调料 *Condiments*

冰糖……10克

◉ 做法 *Directions*

1 洗净去皮的雪梨切开，去核，再切成小块，备用。
2 将雪梨块倒入豆浆机中，加入冰糖、黑豆，注入适量清水，至水位线即可。
3 盖上豆浆机机头，选择“五谷”程序，再选择“开始”键，开始打浆。
4 待豆浆机运转约15分钟（“嘀嘀”声响起）后，滤取豆浆即可。

营养功效

雪梨含有苹果酸、柠檬酸、多种维生素、胡萝卜素等营养成分，具有润肺、凉心、消痰、降火、解毒等功效。

冰糖雪梨豆浆

冰糖雪梨升级了
冰糖雪梨豆浆汹涌来袭

◉ 原料 *Ingredients*

雪梨……30克
水发黄豆……50克

◉ 调料 *Condiments*

冰糖……适量

◉ 做法 *Directions*

1 洗净的雪梨切开，去核，再切成小块。
2 将已浸泡8小时的黄豆倒入碗中，注水洗净，沥干水分。
3 把黄豆、冰糖、雪梨倒入豆浆机中，注入适量清水，至水位线即可，盖上豆浆机机头。
4 待豆浆机运转约15分钟（“嘀嘀”声响起）后，即成豆浆，倒入杯中即可。

营养功效

雪梨含有葡萄糖、果糖、苹果酸、胡萝卜素、钙、磷、铁等成分，具有生津止渴、清热化痰、滋阴润肺等功效。

雪梨清甜又润肺
加上莲子事半功倍

雪梨莲子豆浆

原料 Ingredients

雪梨……40克
水发黄豆……50克
莲子……20克

调料 Condiments

白糖……少许

做法 Directions

1 洗净的雪梨对半切开，去核，切成块状。
2 将泡好的黄豆、莲子和切好的雪梨倒入豆浆机中，注入适量清水，至水位线即可。
3 盖上豆浆机机头，选择“五谷”程序，再选择“开始”键，开始打浆。
4 待豆浆机运转约15分钟（“嘀嘀”声响起）后，倒入碗中，放入白糖，拌匀至其溶化即可。

营养功效

雪梨含有苹果酸、柠檬酸、B族维生素、维生素C、钙、磷等成分，具有润肺、化痰、清热、解毒等功效。

健脾和胃

养生豆浆

秋冬时节，也是脾胃的多事之际，自古有“养生要以脾胃为先”的说法。如果说胃是一个仓库，脾则负责分配仓库的养分，身体健不健康，关键看脾胃，吃进去的营养和水分输送到何处，也由脾胃说了算。但是脾胃的调养不是一朝一夕的事儿，所以，我们要进行持久战。每天一碗清淡、养脾胃的豆浆，身体倍儿棒就不再是梦了。

高粱与红枣
健脾养胃一步到位

高粱红枣补脾胃豆浆

原料 Ingredients

黄豆……60克
高粱米……20克
红枣……20克

做法 Directions

1 将洗净的红枣切开，去核，再切成小块，备用。
2 将已浸泡8小时的黄豆倒入碗中，放入高粱米，加水搓洗干净，沥干水分。
3 把黄豆、高粱米、红枣倒入豆浆机中，注入适量清水，至水位线即可。
4 盖上豆浆机机头，选择“五谷”程序，再选择“开始”键，开始打浆，待豆浆机运转约20分钟（“嘀嘀”声响起）后，滤取豆浆即可。

营养功效

红枣含有蛋白质、胡萝卜素、B族维生素、维生素C、维生素P、钙、磷、铁等营养成分，具有补虚益气、养血安神、健脾和胃等功效。

口感甜香
带你陷入这片紫色之中

紫薯糯米豆浆

◉ 原料 *Ingredients* •

紫薯……60克　　水发黄豆……50克
水发糯米……65克

◉ 做法 *Directions* •

1 洗净去皮的紫薯切成丁。
2 将已浸泡8小时的黄豆倒入碗中，放入已浸泡4小时的糯米，加水搓洗干净，沥干水分。
3 把洗好的材料倒入豆浆机中，放入紫薯，注入适量清水，至水位线即可。
4 盖上豆浆机机头，待豆浆机运转约20分钟（“嘀嘀”声响起）后，滤取豆浆即可饮用。

营养功效

糯米含有蛋白质、糖类、淀粉、维生素B_1、维生素B_2、烟酸等成分，具有补中益气、健脾养胃、止虚汗等功效。

陈皮山楂巧搭配
双双滋养你的胃

陈皮山楂豆浆

原料 Ingredients

水发黄豆……40克
水发大米……45克
陈皮……7克
山楂……8克

调料 Condiments

冰糖……适量

做法 Directions

1 将已浸泡8小时的黄豆倒入碗中，放入大米、陈皮、山楂，加水搓洗干净，沥干水分。
2 把洗好的材料倒入豆浆机中，注入清水至水位线。
3 盖上豆浆机机头，待豆浆机运转约20分钟（“嘀嘀”声响起）后，滤取豆浆。
4 倒入碗中，加入冰糖拌至溶化，撇去浮沫即可。

营养功效

山楂含有维生素、酒石酸、柠檬酸、山楂酸、苹果酸等成分，具有健脾开胃、消食化滞、活血化痰等功效。

茯苓米香豆浆

茯苓健脾，大米养胃
这款豆浆助你脾胃安宁

◉ 原料 *Ingredients* •

水发黄豆……50克
茯苓……4克
水发大米……少许

◉ 做法 *Directions* •

1 将已浸泡8小时的黄豆倒入碗中，再加入已浸泡4小时的大米，注水搓洗干净。
2 将备好的黄豆、大米、茯苓倒入豆浆机中，注水至水位线，盖上豆浆机机头。
3 选择“五谷”程序，再选择“开始”键，开始打浆。
4 待豆浆机运转约20分钟（“嘀嘀”声响起）后，滤取豆浆即可。

营养功效

茯苓含有茯苓多糖、氨基酸、有机酸、卵磷脂、胆碱、麦角甾醇等成分，具有养心安神、健脾和胃、渗湿利水等功效。

多种食材
多种营养

五谷豆浆

◉ 原料 *Ingredients* •

水发黄豆……40克　　水发小麦……20克
水发小米……10克　　水发大米……30克

◉ 做法 *Directions* •

1 将已浸泡4小时的小麦、小米、大米倒入碗中，再放入已浸泡8小时的黄豆，注水搓洗干净，沥干水分。
2 将洗净的食材倒入豆浆机中，注水至水位线即可。
3 盖上豆浆机机头，选择“五谷”程序，再选择“开始”键，开始打浆。
4 待豆浆机运转约15分钟（“嘀嘀”声响起）后，滤取豆浆即可。

营养功效

小麦含有蛋白质、粗纤维、维生素、钙、磷、钾等营养成分，具有养肠胃、增强免疫力、安神助眠等功效。

黑豆补肾脏
黑芝麻益肝肾

补脾黑豆芝麻豆浆

◉ 原料 *Ingredients* •

黑芝麻……15克　　水发黑豆……50克

◉ 做法 *Directions* •

1 将已浸泡8小时的黑豆倒入碗中，注水搓洗干净，沥干水分。

2 将备好的黑豆、黑芝麻倒入豆浆机中，注入适量清水，至水位线即可。

3 盖上豆浆机机头，选择“五谷”程序，再选择“开始”键，开始打浆。

4 待豆浆机运转约20分钟（“嘀嘀”声响起）后，滤取豆浆即可。

营养功效

黑芝麻含有维生素A、维生素E、卵磷脂、钙、铁等营养成分，具有补钙、健脾、养颜润肤、滋阴补肾等功效。